营养生长期

抽蕾开花期

挂果期

果实催熟期

香蕉园地膜覆盖

香蕉高畦深沟种植

香蕉品种

巴西蕉

广东香蕉2号

广东香蕉2号果实

泰国香蕉

龙优香蕉

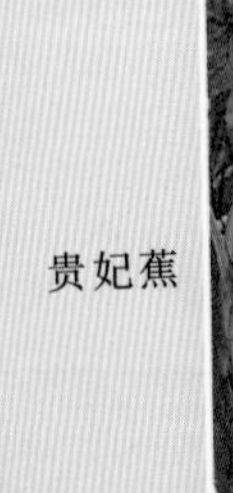

贵妃蕉

贵妃蕉果实

金指蕉

广粉1号粉蕉

广粉1号粉蕉果实

顺德中把大蕉

红香蕉

顺德中把大蕉果实

香蕉病虫灾害

香蕉花叶心腐病

香蕉线条病毒病

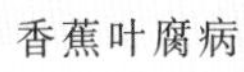

香蕉叶腐病

香蕉叶瘟病

香蕉心腐病

香蕉黄叶病

香蕉黑星病(叶)

香蕉烟头病

香蕉黑星病(果)

香蕉叶片缘枯病

香蕉受象鼻虫危害状

香蕉煤烟病

香蕉弄蝶幼虫虫态

香蕉交脉蚜聚生为害状

受香蕉弄蝶幼虫危害的叶片

香蕉网蝽为害后的叶片

香蕉花蓟马使果实出现粒状突起

斜纹夜蛾幼虫啃食蕉叶

香蕉优质高产栽培

（修订版）

黄秉智　编著

金盾出版社

内容提要

香蕉是我国南方重要的经济作物，也是人们喜食的水果品种。本书由广东省果树研究所的专家编著。内容包括：概述，香蕉的分类和品种，生长习性及其对环境条件的要求，香蕉的育苗、建园与种植技术，香蕉的植株管理技术，施肥技术，水分管理技术，土壤管理技术，各种类型香蕉优质高产栽培技术要点，香蕉的采收、贮运、催熟和加工技术，香蕉病虫害防治，共11章。修订版增补了近年来香蕉生产的新品种、新技术，内容丰富，技术实用，通俗易懂，可供香蕉产区果农、农业科技人员和农业院校有关专业师生阅读参考。

图书在版编目(CIP)数据

香蕉优质高产栽培/黄秉智编著．—修订版．—北京：金盾出版社，2000.3(2018.1重印)

ISBN 978-7-5082-1106-0

Ⅰ.①香…　Ⅱ.①黄…　Ⅲ.①香蕉-果树园艺　Ⅳ.①S668.1

中国版本图书馆CIP数据核字(1999)第55013号

金盾出版社出版、总发行

北京市太平路5号(地铁万寿路站往南)

邮政编码：100036　电话：68214039　83219215

传真：68276683　网址：www.jdcbs.cn

彩色印刷：北京凌奇印刷有限责任公司

黑白印刷：北京万友印刷有限公司

装订：北京万友印刷有限公司

各地新华书店经销

开本：787×1092 1/32　印张：7.375　彩页：12　字数：156千字

2018年1月修订版第12次印刷

印数：98 001～101 000册　定价：22.00元

目　　录

第一章 概 述

一、香蕉的经济价值

香蕉是富含碳水化合物而蛋白质和脂肪含量很低的水果（表 1-1）。

表 1-1 香蕉的营养成分（每 100 克含量）

项 目	广东香蕉	福建香蕉	广西香蕉	备 注
水分（克）	77.0	74.2	81.2	摘自中国预防医学科学院营养与食品卫生研究所的《食物成分表》
蛋白质（克）	1.5	1.3	1.7	
脂肪（克）	0.1	0.2	0.2	
碳水化合物（克）	18.8	23.1	15.3	
灰分（克）	0.6	0.6	1.2	
钙（毫克）	8.0	8.0	19.0	
磷（毫克）	23.0	32.0	53.0	
铁（毫克）	0.3	0.5	0.7	
胡萝卜素（毫克）	—	0.06	0.1	
硫胺素（毫克）	0.02	0.01	0.03	
核黄素（毫克）	0.05	0.02	0.05	
尼克酸（毫克）	0.7	0.8	0.08	
抗坏血酸（毫克）	11.0	9.0	24.0	

香蕉后熟过程中果肉的主要变化是淀粉转化成糖。果皮的颜色与淀粉的糖化率密切相关。根据福丝史（1980）分析，淀粉从 20%～23%降至果实完全成熟时的 1%～2%，而可溶性糖则从 1%增至 20%。其中葡萄糖、果糖、蔗糖的比例为 20∶15∶65，其他糖的含量极低。含糖量的多少，是衡量鲜食蕉果

实品质优劣的重要指标。AA、AAB组中的某些栽培品种，含糖的绝对量要比AAA组的鲜食蕉高2%～4%，是美味的鲜食蕉。我国的大蕉含糖量比香蕉低。

香蕉果实的纤维含量很低(根据我国的分析，其含量为0.4%～0.9%)，故既适合于婴儿，又适合于老人食用。成熟的香蕉果肉含有0.5%～0.7%的果胶。香蕉果实富含无机盐和一些维生素。

香蕉果实的有机酸主要是苹果酸，其次是草酸和柠檬酸。果实后熟过程中苹果酸含量增加，而草酸被代谢而减少。我国香牙蕉果实含酸量为0.2%～0.3%，大蕉的含酸量较高。

香蕉的香味物质主要是酯类化合物，也有醇类和酰类化合物。品种不同，香味浓度也不同，香牙蕉有较浓的香味。

香蕉除含有上述丰富的营养物质外，还有重要的药用价值。香蕉果实是低脂肪、低胆固醇和低盐的食物。钠的含量很少，而钾的含量是400毫克/100克果肉。由于低脂肪、高能量，所以被推荐给过度肥胖者和年老的病人食用。香蕉对患胃溃疡的人也有利。有人说香蕉能治疗幼儿腹泻和结肠炎等。我国中医也有利用香蕉治病的。香蕉性冷，具滑大肠、通大便的作用。李时珍在《本草纲目》中说：生食(芭蕉)可以止渴润肺，通血脉，填骨髓，合金疮，解酒毒。蕉根主治痈肿结热，捣烂敷肿，去热毒；捣汁服，治产后血胀闷，风虫牙痛。叶主治肿毒初发，研末，和生姜汁涂之。

在经济不发达的许多热带国家，大蕉被广泛栽培作粮食充饥。我国绝大多数人尤其是北方人，极喜食香蕉，有时还以蕉代餐。南方有一部分人更喜食大蕉，因香蕉性冷，对有寒胃病的病人及体质较弱的人不利，而大蕉较正气，幼儿、老人及病人吃之无妨。

香蕉除直接食用外，也可制成各种香蕉制品，如香蕉炸片、香蕉粉（用熟香蕉磨成粉）、香蕉面（生香蕉制品）、香蕉汁、香蕉酱及糖水香蕉罐头等。但用于加工的香蕉数量不多，仅占5％以下。

香蕉的假茎纤维可用作造纸及其他纺织材料，球茎幼嫩的吸芽及花蕾可用作饲料。在湖南，有些农户在房前屋后种有许多AB型野生蕉，供冬春季喂猪用。香蕉叶片可包裹食物。

香蕉树体汁液含有单宁物质，沾在衣服上得立即用清水洗净，否则会出现褐斑污渍，一般的漂白剂很难洗去，广州浪奇公司生产的“天丽特效漂渍液”可洗脱其污渍。

二、世界香蕉栽培概况

（一）香蕉的生产和贸易情况

香蕉栽培比较粗放，但产果量较高，是世界上热带、亚热带的主要水果。1998年世界产量已近9000万吨，居水果产量之冠。世界香蕉生产发展很快，种植的国家和地区达到120个，其中主要的产区在中南美洲和亚洲。据统计，到1998年产量在百万吨以上的国家就有23个（表1-2）。

香蕉喜高温多湿的环境，故在南北纬20°之间的无风害、土壤肥沃、雨水充沛的地区，是其最主要的生产基地。世界上种植香蕉的国家且不受旋风危害的有厄瓜多尔、哥伦比亚、巴拿马、巴西、苏里南、几内亚、喀麦隆、肯尼亚、坦桑尼亚、马来西亚和印度尼西亚等。非洲东南部、新南威尔士和夏威夷等地区连暴风也未遇过。在中美洲、西印度群岛、加那利群岛、莫桑比克、马达加斯加北部、印度半岛、缅甸中部、中国南部、菲律宾、澳大利亚的昆士兰等国家和地区均受旋风的影响。

表 1-2　香蕉生产达百万吨以上的国家

国　家	产量(万吨)	国　家	产量(万吨)
印　度	1 020F	喀麦隆	202F
乌干达	984	加　纳	188F
厄瓜多尔	839	泰　国	170F
巴　西	555	尼日利亚	168F
哥伦比亚	480F	坦桑尼亚	156F
菲律宾	355	科特迪瓦(象牙海岸)	142
中　国	324F	布隆迪	140
印度尼西亚	301	秘　鲁	139F
刚果(民主)	264F	越　南	132F
哥斯达黎加	230F	土耳其	132
卢旺达	225F	洪都拉斯	117
墨西哥	204		

注:F 为估计数　　　　(联合国粮农组织生产年鉴,1998)

根据雨量的多少及分布情况,斯托弗(Stover,1987)将热带分为潮湿热带和湿干热带两大类。潮湿热带地区如菲律宾、巴拿马、哥斯达黎加等,年降水量大且分布较均匀,蕉园无需灌水。湿干热带有些地区年降水量大,但有几个月是干旱的;有些地区降水量较少且集中;有些地区几乎是全年干旱。湿干热带蕉园需要灌溉。一些旱季较长的地区,多数种植 ABB、AAB 基因型的抗旱香蕉品种作为内销。

在热带地区的多数蕉园是长久性的,一般在十几年至几十年,也有上百年的。大型蕉园几乎是每周有香蕉采收。在热带条件下,香牙蕉品种每丛每年可收获 1.4～1.5 造以上。在一些土壤肥力差及线虫为害致使根系生长不良的地区,通常生产 3～8 年后要重新种植。新植蕉园较容易确定收获期。

虽然香蕉属热带果树,但在亚热带也可作经济栽培。亚热带香蕉多数分布在南北纬 20°～30°范围内。除我国外,还有南非、澳洲南部、加那利群岛、地中海沿岸、也门、阿曼、古巴和巴西南部等。仅少数鲜食蕉在北纬30°以外，包括以色列、约旦、埃及、塞浦路斯等。亚热带蕉区的特点是每年有3～5个月平均月气温17℃或更低的时间，在这几个冷月期间香蕉很少生长。所有亚热带地区蕉园均需灌溉，尤其是以色列和加那利群岛，年降水量仅几百毫米，某些地区一些年份还有霜冻。这些地区香蕉栽培通常是每造或最高产3造采收后再植，或调整留芽时期和吸芽种类，避免在最冷几个月内花芽分化或抽蕾，防止发生冷害。故亚热带香蕉收获有旺淡季之分，香蕉生育期也比热带的稍长，通常香牙蕉每丛每年收获1～1.2造。

以色列地处亚热带，其冬季温度低，冷季也较长，降水量低（约660毫米），但在香蕉栽培中也取得了成功。据李纯达（1994）报道，以色列主要用大矮蕉和威廉斯香蕉品种，采用试管苗3株丛植，每公顷种植2400株，用滴灌方式灌水施肥，秋植的正造蕉每公顷产量高达70吨，产值6.25万美元。说明在亚热带条件下，良好的栽培措施可以弥补不良的气候条件而获得丰收。

许多国家生产香蕉主要作为内销，出口仅占少数。1997年世界生产总量为8851万吨，出口为1424万吨，约占总量的16%，出口金额为50亿美元。主要为香牙蕉品种。1995～1997年连续3年平均出口量较多的国家有哥斯达黎加（199万吨）、哥伦比亚（147万吨）、菲律宾（120万吨）、危地马拉（65万吨）、巴拿马（61万吨）、洪都拉斯（53万吨）、厄瓜多尔（41万吨）等，香蕉出口是这些国家的重要外汇收入。而印度、中国、泰国等，虽然产量较多，但基本上为内销。香蕉进口国主要是欧洲和北美洲等地的发达国家，亚洲的日本、韩国进口量也较大。

（二）世界出口香蕉品种的演变

香蕉出口贸易起步早、规模大的，要算是中南美洲。早期运输是以整穗出口。品种一直以大蜜舍为主，它的穗形、果形好，果指长，呈曲尺形，颜色金黄，耐贮，货架寿命长，产量高，品质好，很受人们的欢迎。但由于该品种易感巴拿马病，大批蕉园被毁，后纷纷改种抗巴拿马病的香牙蕉品种。这个转换，在加勒比海岛国于20世纪50年代初期，在洪都拉斯于50年代末，至70年代整个中美洲基本完成。在南美洲开始于60年代末，结束于1975年。所以说，香牙蕉挽救了中南美洲的香蕉业。

在改种香牙蕉品种中，开始少数国家采用菲律宾引种的拉卡坦高干香牙蕉，多数采用伐来利、茹巴斯打、波约等高把品种。至70年代，洪都拉斯证实大矮蕉由于植株较矮壮，能减少风害损失和缩短生育期，比伐来利和粗把香牙蕉产量高约30%。所以在70年代后期，大矮蕉在中南美洲开始替代伐来利，这个转换持续到80年代，结果产量大面积上升到每年每公顷55吨。现在全世界有70%的出口香蕉是大矮蕉。

相反，一些习惯种植矮干香牙蕉的国家，如澳大利亚、南非、印度等，因为蕉指外观及冬季的冷害问题，也逐渐改种中矮把蕉和中把蕉。

斯托弗(1982)建议将大矮蕉作为今后出口鲜食品种育种的模型。但大矮蕉也有些缺点，如不耐旱和不耐粘性土壤，需一级土壤，雨量不足时需灌溉，高感黑叶斑病和穿孔性线虫。今后香蕉的选育目标是：选择株型、产量、果实质量似大矮蕉，而又抗镰刀菌枯萎病、黑叶斑病及耐穿孔性线虫的新品种。

（三）进口香蕉的特点

我国虽然香蕉产量较高，但每年还有少量香蕉进口，主要是从菲律宾、泰国及厄瓜多尔等国。进口香蕉由于生产于热带气候，不受冷害影响，不论何时颜色均较鲜艳，果指较长大。同时，由于采用不着地采收脱梳及良好的包装贮运技术，使果指极少机械伤。另外，积极防治病虫害，采取高钾低氮施肥及保鲜技术，催熟后香蕉皮色金黄，货架寿命较长。进口香蕉的质量明显优于国产香蕉。但我国在没有灾害的年份，上半年采收的香蕉，其品质风味比热带国家生产的香蕉要好。

三、我国香蕉生产概况

（一）生产现状

香蕉是岭南四大名果之一，在华南地区其种植面积仅次于柑橘。在我国的水果生产中也占有重要的位置，种植面积占水果总面积的2.1%～3.1%，而产量则占水果总产的7.8%～10%。面积和产量排在水果生产的第四位（表1-3）。

我国蕉区多分布在亚热带，从气候条件来说，虽不是种香蕉最理想的地方，但也可以经济栽培，而且面积越来越大。

解放前，我国香蕉多为小面积零星种植，解放后稍有发展，但初期发展速度也很慢。20世纪60～70年代，菲律宾香蕉业尚未发展，中南美洲香蕉也未能远运，加上当时对香蕉质量要求不高，我国广东香蕉可销往香港、日本、原苏联等地，至70年代末期，就只能北运内销。1979年，我国香蕉种植面积

表 1-3　我国主要水果种植面积和产量　（单位:千公顷、千吨）

年度	面积与产量	香蕉	苹果	柑橘	梨	葡萄	水果
1990	面积	108.8	1633.1	1061.2	480.7	122.6	51787
	产量	1456	4319	4855	2353	859	18744
1992	面积	182.0	1914.5	1087.3	521.2	139	5818.3
	产量	2451	6556	5160	2846	1125	24401
1997	面积	180.2	2838.4	1309.2	924.0	158.2	8649.6
	产量	2892	17218	6415	6415	2033	50893

（中国农业年鉴）

仅为 4 667 公顷，占水果种植面积的 0.3%，产量为 7 450 吨，占水果产量的 1.1%。进入 80 年代后，各地重视水果的生产，香蕉的种植面积也大为增加。1987 年，全国香蕉种植面积达 15.3 万公顷，产量 200 余万吨。80 年代中期前，我国的香蕉种植多求产量，忽视质量，生产多以正造蕉为主，以致在种植面积大时（如 1986～1987 年间），高温季节香蕉大量上市，由于运输条件差，保鲜技术落后，造成高温期北运蕉果大批腐烂；或运输受阻，许多香蕉在田间熟烂。80 年代中后期，由于无霜冻，春夏蕉产量高，价格又好，蕉农尝到了春夏蕉生产的甜头，故 1990 年后，蕉农普遍生产反季节春夏蕉，尤其是一些冬季温度较高而台风较多的粤西地区及海南省。从 1990 年开始，香蕉良种威廉斯、广东香蕉 2 号等通过试管苗繁殖提供了大量种苗，使 1991～1993 年春植香蕉猛增，1992 年香蕉种植面积达 18.2 万公顷，仅广东省就种植 11 万公顷。但 1992～1993 年连续两年严重冷害，使多数反季节蕉园失收。冷害、风害、涝害使 1993～1994 年的香蕉产量大大减少。

我国香蕉主要分布于广东、广西、福建、台湾、海南、云南，贵州和四川也有少量分布。其中广东省种植面积和产量约占 50%，主要分布在粤西地区、珠江三角洲及粤东地区。广西主要分布于灵山、浦北、玉林、合浦等县。福建主要分布于漳州市，其次为泉州和莆田等地。台湾省主要分布于高雄、屏东，其次为台中和台东等地。海南省主要分布于儋州市、乐东、琼山、临高、崖县和陵水等地(表 1-4)。

表 1-4 我国产蕉省香蕉种植面积和产量 (1997 年)

项目	广东	广西	福建	海南	云南	贵州	四川	重庆
面积(千公顷)	75.70	41.80	24.30	19.00	14.90	3.4	0.80	0.30
产量(千吨)	1334.2	685.5	571.1	188.5	94.0	10.4	7.1	1.4

(中国农业年鉴 1998)

我国台湾省也是香蕉出口产地之一。自从 1911 年开始销往日本，至 1967 年达到外销高峰期，栽培面积达 5.3 万公顷，外销数量达 2 600 万箱(16 千克/箱)，占日本市场的 90%左右。此后，由于菲律宾香蕉的竞争，加上工资升高，香蕉黄叶病危害，运销方式落后等原因造成成本偏高，品质不均，致使外销每况愈下，80 年代栽培面积约 1 万公顷，外销数量仅占日本市场的 10%左右。1998 年产量达 21.46 万吨，出口量为 5.6 万吨。

(二) 存在的问题

1. 自然灾害多

我国多数蕉区属亚热带季风气候，常受冬季低温和夏秋季台风影响，雨量分布也很不均匀，易受旱涝害。严重的冷害，常使植株死亡，如 1976～1977 年，1992～1993 年分别连续两年的严重冷害，使华南地区香蕉减产 80%以上，1999 年 12 月下旬的霜冻，使全国 95%的蕉园发生严重冷害。每年 6～10 月份尤其是 7～9 月份，常有台风在华南沿海地区登陆，台风不仅直接吹倒、吹折香蕉干和叶(尤其是挂果的正造蕉)，还带来大量雨水，使低地水田蕉园受浸发生涝害。如1994年6月，3号台风使广东、广西许多蕉园植株受浸致死，损失严重。周期性大涨潮的台风，常使沿海地区江河水位上涨，影响水田蕉园。如1989年、1993～1994年的涨潮期台风使中山、番禺等珠江三角洲围田蕉园堤坝决崩而受浸，发生涝害。即使蕉园不浸水，过多的雨水也会使香蕉根系缺氧而生长不良甚至烂根，从而影响产量和质量。秋季高温干旱及冬季的长时间干旱也使香蕉减产和质量下降。

2. 病害严重

我国许多旧蕉园束顶病发生十分严重，尤其是采用吸芽苗种植的蕉园，发病率高达20%～30%，有的高达80%。近几年由于推广试管苗，束顶病有所下降，但花叶心腐病却大增，有的蕉园竟达80%～90%。沿海旧蕉园夏秋季的叶斑病也十分严重，使香蕉减产10%～15%。巴拿马病已使龙牙蕉和粉蕉不能大面积栽培。砖厂、水泥厂等排出的有毒气体，产生大气污染，使叶片叶面积减少，也降低香蕉的产量和质量。估计病害每年使我国香蕉减产20%～30%。

3. 经营管理差，产销脱节

我国香蕉种植业仍属小农经济。各户种植面积小，固定设施投资少，栽培管理不统一，致使病虫害防治困难，采收装运技术落后，很难生产高档香蕉。

产销脱节，栽培者只管采前的产量及果实的外观，不注重果实的采前病害(尤其是炭疽病)防治，偏施氮肥，造成耐贮性差及货架寿命短。

4. 流通不顺畅

我国香蕉主要是北运内销，目前铁路运输能力低，运输条件差(多用普通车皮)，运输成本高。而北方多数人的生活水平还不高，购买力较低，对香蕉的需求不大，同时由于高温季节果指腐烂率高，售价低，许多香蕉北运利润不高甚至亏本。香蕉的流通受阻，大大抑制了香蕉的生产。

四、我国香蕉栽培经营谋略探讨

香蕉是一种经济作物，蕉农种植香蕉，目的是为了赚钱，但在我国蕉区特定的气候、地理及市场条件下，并不是所有种蕉者均能赚钱的。风调雨顺、栽培得当及价格好时，是能赚钱的，有时也盈利颇丰；遇到灾害、栽培管理不当、价格低时，不仅不能赚钱，甚至会亏本。蕉农必须明白上述香蕉生产中存在的问题及下述影响香蕉盈利的因素，对香蕉栽培的经营管理进行科学的决策和谋略。

（一）香蕉的产量与价格

我国华南各省香蕉种植面积越来越大，1997 年达 18 万公顷，总产量达 289 万吨。虽然全国人均占有量不高，但如在其他水果丰收的季节，香蕉的价格是很低的，有时每千克仅 0.6～0.8 元，这种价格种植香蕉基本无盈利。如果蔗糖业无改善，今后还将有许多蔗地改种香蕉。在种植面积不断扩增的情况下，生产季节及自然灾害就成了调节价格的重要因素，如春夏蕉一般价格较高，正造蕉价格较低；风害、冷害、旱害使灾害地区香蕉产量减少，不受灾的地区价格就较高，如 1994 年春，广东、福建、广西等多数蕉区发生霜冻，海南一些蕉园香蕉价格达 5.4 元/千克。

（二）香蕉的质量

香蕉丰产时，香蕉质量甚为重要，有时特级蕉（销往深圳等地的高档蕉）比一级蕉价格高40%～60%，一级蕉比二级蕉价格高20%～40%，三级蕉无人收购。目前香蕉青果的质量要求，国内市场主要是果指长大、梳形好、色泽佳。因此，香蕉栽培为达此质量要求，普遍采用植株较高、较不耐风但果梳好的品种，如巴西蕉，甚至用高脚遁地蕾，同时加大肥料等成本投入，有的每公顷投入达4.5万～6万元。另外，为迎合国人需要，使用植物生长调节剂将果指拉长增大，但出口日本的香蕉要求果指不能太长太大，适中即可，而对果实的品质及农药的使用要求更高。

（三）香蕉的投入与收益

香蕉是一种高投入、高收益的经济作物，多数高产蕉园的投入（1/15公顷）为：地租500～700元，肥料1 200～1 500元，人工300元，防风桩及绳160～220元，农药100～150元，排灌100～400元，种苗80～220元，果袋30元，共约2 500～3 500元。这样的投入，通常可获2 400～3 000千克的产量，产值可达4 500～7 000元。个别蕉园的投入和收益更高（表1-5）。

如果排除风害和冷害的影响，在科学管理的情况下，高投入产生高效益，投入多，产量高，果实质量也高。由于高投入，产量越来越高，已出现单株产75千克以上，每公顷产量超75吨的香蕉园，这是80年代以前不敢想像的。也许，我国不是香蕉栽培的最适宜区，要获得高产，必须比国外香蕉有更高的投入。蕉园投入必须优先考虑阻碍香蕉生长的因素，如干旱地区必须搞好灌水设施，低洼地必须搞好排水设施，风害频繁的地区需购买防风柱等，设施栽培在现代香蕉生产管理中占的投入越来越大。

表 1-5　广东中山市民众镇高产蕉园收支情况

姓　名	面积(公顷)	产量(吨/公顷)	产值(万元/公顷)	成本(万元/公顷)
关满雄	1.1	76.5	14.182	5.867
吴培元	2.1	75.6	14.905	3.714
郭锦棠	1.3	75.6	12.538	3.715
黄振兴	1.6	75.2	14.875	3.700
陈志强	0.7	75.6	11.520	4.026

(四) 风险与区域化栽培

由于我国的风害、寒害较多，香蕉生产的投入也较大，如发生灾害损失就较大，因此必须实行区域化生产，不宜种蕉的地方，就不要勉强，以免劳民伤财。宜蕉地区，也要综合考虑气温、台风、雨水、土壤及经济效益等因素，选择合适的品种。如台风地区正造蕉可选择蕉干较矮的品种，干旱及冬季低温地区考虑种植耐旱耐寒的粉蕉、大蕉品种，也可进行避灾栽培，如春夏蕉可避风害，正造蕉可避寒害，也可采取年年新植的耕作制度，避风避寒。

(五) 产业化栽培与品牌生产

香蕉是一种商业性很强的南方水果，主要市场在北方，因此，要求栽培必须成规模，运输条件好，才有利于流通。一些地销品种如粉蕉、大蕉近销时可能存在数量竞争问题。香蕉栽培面积大，果实产量高，质量好，运输方便的蕉区，其价格就高，相反一些零星栽培的香蕉不能北运，反而愁销路。国外一些香蕉公司如美国联标公司、标准公司、德尔蒙他公司、都乐公司及日本住友公司等均采取树立品牌，独资进行香蕉系列化生产，即种植、采收、贮运、销售均由公司完成，这样可落实采前采后各种措施，提高香蕉的质量。我国目前初步发展的“公司＋农户”品牌生产模式，虽然比以前的产销脱节有较大的改善，但仍存在着蕉农产前果实保护较差、施肥不平衡等问题，应逐步加以解决。

第二章　香蕉的分类和品种

一、香蕉的植物学分类

按植物学分类，香蕉属于芭蕉群(Scitamineae)的芭蕉科(Musaceae)。芭蕉科有两个属：衣蕉(*Ensete*)和芭蕉(*Musa*)。香蕉属于芭蕉属。它由裹得很紧的叶鞘构成假茎，基部稍为膨大，吸芽从真茎自然发出。该属有5个区，其中4个区的花序是直立的，在第五个区真芭蕉(*Emusa*)中，花序是向下垂悬的。

食用蕉包括绝大多数的真芭蕉和少量的菲蕉(*Fe's banana*)。菲蕉属于澳蕉系列(*Australimusa series*)，其果穗花蕾是直立的，汁液粉红色，基本染色体数 n＝10，世界上极少栽培，本书不作介绍。真芭蕉的花序是向下弯的，汁液呈乳汁状或水状，基本染色体数 n＝11，是普遍栽培的食用蕉，也就是广义上所说的香蕉。

香蕉有两个祖先，即尖苞片蕉(*Musa acuminata*)和长梗蕉(*Musa balbisiana*)。香蕉栽培品种就是这两个原始野生蕉种内或种间杂交后代进化而成的。我们把含有尖苞片蕉性状的基因称为A基因，把含有长梗蕉性状的基因称为B基因。西蒙兹(Simmonds)等人采用的15个香蕉性状，对照尖苞片蕉和长梗蕉的性状的记点法，规定完全符合每一个尖苞片蕉性状的为1分，完全符合每一个长梗蕉性状的为5分，根据其分类值，参照其染色体数，将栽培香蕉分为AA，AAA，AAAA，AAB，AAAB，AABB，AB，ABB，BB，BBB等组。其中AAA，AAB分布最广，栽培最多，种类也繁多。ABB，BBB，AA等在一些国家的栽培也不少，而AAAA，AAAB，AABB是人工育成的(表2-1)。

表2-1 主要食用蕉的分类

序号	组别			示例
1. AA				贡蕉(东南亚)
2. AAA	a)大蜜舍			大蜜舍(中南美洲)、安帮蕉(菲律宾)
	b)香牙蕉			大种高把(中国)、大矮蕉(中南美洲)
	c)红蕉、绿红蕉	1)红蕉		马拉多(菲律宾)
		2)绿红蕉		红皇蕉(澳洲)
	d)非洲高地香蕉			Lujugira Mutika(东非)
3. AAAA				阿托佛(牙买加)
4. AB				内卜凡(印度)
5. AAB	a)皇蕉			皇蕉(马来西亚)
	b)菜蕉	1)法国菜蕉		虎蕉(牙买加)
		2)牛角菜蕉		坦多蕉(菲律宾)
	c)可拉蕉			可拉蕉(马来西亚)
	d)姐妹蕉			姐妹蕉(印度)
	e)丝蕉			丝蕉(巴西)、龙牙蕉(中国)
	f)波眉蕉			波眉蕉(巴西)
	g)买毛尼蕉			买毛尼蕉(夏威夷)
6. ABB	a)布鲁果蕉			布鲁果蕉(西印度群岛)
	b)阿华蕉			阿华蕉(马来西亚)
7. BB				阿布红(菲律宾)、格拉(马来西亚)
8. BBB				沙巴(菲律宾)、欣蕉(泰国)
9. ABBB	a)仙食蕉			仙食蕉(泰国)
AAAB	b)阿坦蕉			
AABB	c)卡拉马蕉			

参照斯托弗和西蒙兹(1987)，瓦尔梅厄(Valmayor 1990)

在表 2-1 各组栽培蕉中，果实风味以 AA，AAB 组中的一些鲜食栽培品种为最好，其次是 AAA 组的栽培品种，ABB，BBB 及 AAB 组中的多数栽培品种品质风味较差，多以煮食为主。在丰产性方面，以 AAA 组的香牙蕉最好，大蜜舍类也不错。AA 组的品种则较低产。在抗逆性方面，一般含 B 基因的抗逆性较好，如抗寒性、抗旱性及抗涝性等，BBB，ABB 比 AAB 好，比 AAA 更好，最差是 AA 型的品种。而在 AAA 组中，香牙蕉比大蜜舍、红绿蕉类品种抗性好些。在抗病性方面，则依病原不同而异(参见第十一章)。

二、香蕉生产栽培中的分类

生产上首先依食用方式将广义上的香蕉简单分成鲜食香蕉(Desert banana)、煮食香蕉(Cooking banana)和菜蕉(Plantain)3 类，也经常合称香蕉和菜蕉。

需要特别指出的是，国外所用的 Plantain，常被译成大蕉，但这个大蕉是指 AAB 组中的大蕉亚组，包括法国大蕉和牛角大蕉，果实含淀粉量高，不煮熟不能食用，不同于我国分类中所说的大蕉(我国所指的大蕉属 ABB 组，国外常归为煮食香蕉)。因此，本书将它译成菜蕉，以示区别，因我国目前并无菜蕉栽培。

我国目前香蕉栽培品种不多，常将(广义上的)香蕉简单分为香牙蕉(亦简称香蕉)、粉蕉、龙牙蕉和大蕉 4 大类。主要根据假茎的颜色，叶柄沟槽和果实形状来区分(表 2-2)。

表 2-2　我国 4 种栽培蕉的形态区别

特　征	香牙蕉	大　蕉	粉　蕉	龙牙蕉
假　茎	有深褐黑斑	无黑褐斑	无黑褐斑	有紫红色斑
叶柄沟槽	不抱紧，有叶翼	抱紧，有叶翼	抱紧，无叶翼	稍抱紧，有叶翼
叶基形状	对称楔形	对称心脏形	对称心脏形	不对称耳形
果轴茸毛	有	无	无	有
果　形	月牙弯，浅棱、细长	直，具棱，粗短	直或微弯，近圆，短小	直或微弯，近圆，中等长大
果　皮	较厚，绿黄至黄色	厚，浅黄至黄色	薄，浅黄色	薄，金黄色
肉质风味	柔滑香甜	粗滑酸甜无香	柔滑清甜微香	实滑酸甜微香
肉　色	黄白色	杏黄色	乳白色	乳白色
胚　珠	2 行	4 行	4 行	2 行

（参考曾惜冰等　1990）

（一）香牙蕉

简称香蕉，又名华蕉（AAA. Cavendish）、牙蕉、弓蕉。株高 1.5～4 米，假茎黄绿色而带紫褐色斑，幼芽绿而带紫红色。叶片较阔大，先端圆钝，叶柄粗短，叶柄沟槽开张，有叶翼，反向外，叶基部对称斜向上。弱小幼苗（隔山飞，试管苗）往往幼叶有紫斑。果柄下垂，小果向上弯曲生长，幼果横切面多为 5 棱形，胎座维管束有 6 根。成熟时棱角小而近圆形，果皮黄绿色，高温（26℃以上）催熟果皮绿黄色。果肉黄白色，3 室易分离，无种子，外果皮与中果皮不易分离。果肉清甜，有浓郁香蕉香味。一般株产 15～30 千克，高的达 60～70 千克。

香牙蕉是我国主要栽培的品种，经劳动人民长期栽培，出现了许多变种，有些变种成了栽培品种。对香牙蕉栽培品种的分类，西蒙兹（1955，1966）根据茎干的高度、叶形及苞片是否宿存分为矮干香牙蕉、粗把香牙蕉、茹巴斯打(Robusla)和碧蕉(Pisang masak hijan)4个主要品系。前两个品系雄花苞片部分宿存,植株矮或中矮;后两者雄花苞片脱落,植株中高或高大。斯托弗和西蒙兹(1987)将上述4个品系中的茹巴斯打合并于粗把香牙蕉中,而新增1个植株高度介于粗把香牙蕉和矮干香牙蕉之间的大矮蕉及乌木类品系。李丰年(1993)根据株高、茎形比、叶形比、果指形状等性状,在西蒙兹的基础上,将我国香牙蕉分为高干、中干、矮干3大类8个品种:矮脚矮干、中脚矮干、高脚矮干、矮脚中干、中脚中干、高脚中干、矮脚高干及高脚高干。

本书按照干高、茎形比、叶形比、果指性状等综合上述3种分类法及栽培上的重要性,将我国(及引进)香牙蕉分为高干、中干、矮干3大类,又将中干香蕉分为高把、中把、中矮把3个品系,因此共有5个品系。从栽培学分类上也就是5个品种。其中高干品种相当于西蒙兹的碧蕉,高把品种相当于茹巴斯打,中把品种相当于粗把香牙蕉(Giant cavendish),矮干品种相当于矮干香牙蕉(Dwarf cavendish),而中矮把品种相当于斯托弗等的大矮蕉类(Grand naine)。其主要品种特性及所包括的地方栽培品种如下。

1. 高干品种

株型高大,干高3.2~4.5米,茎形比5.3~8.4,叶片窄长,叶形比3以上。雄花苞片脱落。梳数、果数较少,梳形好,果指长大、较直。该类品种有广东的高脚遁地蕾、齐尾、高把高,广西的玉林高脚、龙州高脚,云南的云南高脚等栽培品种。

2. 高把品种

株型中高。干高2.7~3.2米,茎形比4.5~5.3,叶片较长大,叶形比2.4~3。雄花苞片脱落。果穗较长,中等大,梳数较多，果数稍少，梳形较好，果指较长大、稍直，抗风性较差。该类品种有广东的大种高把、油蕉、黄把头、矮脚遁地蕾、潮安高把，云南的河口高把，广西的南宁高把、玉林高把，台湾的仙人蕉、台蕉1号，国外的波约、茹巴斯打、伐来利、高把威廉斯、马茹凯型门斯马利等。

3. 中把品种

株型中等。干高2.3～2.8米，假茎上下较均匀粗壮。茎形比3.9～4.5，叶片中等长、较大，叶形比2.2～2.6。雄花苞片部分宿存。梳数、果数较多，果指中等长大，果形稍弯，适应性较广。该类品种有广东香蕉2号、中把威廉斯、门斯马利、亚美利加尼亚、东莞中把、中山黑脚芒、云南的河口中把、台湾的北蕉等。

4. 中矮把品种

株型中矮化。干高2～2.4米，假茎上下较均匀、粗壮。茎形比3.5～3.9，叶形比2.1～2.3，雄花苞片部分宿存。梳数、果数较多，果排列较密，生长期较短，抗风性、丰产性较好。但对土壤水分较敏感。该类品种有广东香蕉1号、大种矮把、中山牙蕉、潮安矮把、顺德中把密轮、海南赤龙矮把、云南上允矮把、河口矮把、台蕉2号、大矮蕉、乌木、矮性伐来利等栽培品种。

5. 矮干品种

株型矮小。干高1.3～2米，假茎上下均匀、粗壮，茎形比2.5～3.5，叶片短阔，叶形比1.8～2.1。雄花苞片部分宿存。梳数较少而果数较多，果指较短小弯曲，果梳、果指排列紧密。生长期稍短，抗风性强，冬季抽蕾易出现“指天蕉”。该品种国内外分布最多，目前除印度栽培较多外，其他地方已渐淘汰。我国主要有阳江矮、高州矮、浦北矮、天宝矮、潮安矮、文昌矮、陵水矮、红河矮、河口矮、开远矮、赤龙矮、那龙矮等地方品种。

（二）大　蕉

基因组ABB，北方称芭蕉。一般植株高大粗壮，假茎绿色，幼芽青绿色。叶宽大而厚，深绿色，先端较尖，基部近心脏形，对称或略不对称。叶背或叶鞘被白粉或无粉。叶柄长而闭合，无叶翼。果轴无茸毛。小果较大，果身直，棱角明显。果皮厚而韧，外果皮与中果皮易分离。果肉3室不易分离，杏黄色，柔软，味甜中带酸，缺香味，偶有种子。抗风性、抗寒性、抗旱性及抗病性最强。一般株产8～20千克。生育期比香蕉长15～30天。上半年果实产量较高，质量较好，依干高低分为高干大蕉、中把大蕉和矮大蕉3类。

（三）粉　蕉

又称米蕉、奶蕉、蛋蕉、糯米蕉、粉沙香、西贡蕉。基因组ABB。植株高大粗壮，干高3.4～5米，淡黄绿色而有少量紫红色斑纹。叶狭长而薄，淡绿色，先端稍尖，基部对称。叶柄及基部被白粉，叶柄长而闭合，无叶翼。果轴无茸毛。果形偏直间微弯，两端钝尖，成熟时棱角不明显。果柄短，果身也较短，花柱宿存。果皮薄，果肉乳白色，汁少，紧实柔滑，肉质清甜微香，后熟果皮浅黄色。冬季成熟的果实质量稍差。一般株产10～20千克，高产的可达25～30千克。抗逆性仅次于大蕉，但易感巴拿马病，也易受卷叶虫为害。生育期比香蕉长1～3个月。常有退化种子，影响口感，偶有种子。依果型可分为5个品系。

1. 大果粉蕉

如广粉1号、西贡蕉等品种。干高3.5～5米，粗（中周）65～80厘米，叶片大，叶背白粉较多，果穗大，8～12梳，果较大，单果重 100～200 克，果指长 12～16 厘米，果柄较短，果形直，皮色稍灰绿，味甜，香味少或无。株产高，一般株产 20～30 千克，高产的可达 40～50 千克。是产量高、适应性强的优良粉蕉品种。

2. 小果粉蕉

如中山粉沙香、海南蛋蕉、糯米蕉，外引的孟加拉绿蕉。干高 3～4.5 米，粗（中周）60～70 厘米。果梳和果数较多，梳距密，果指排列紧贴，果形较直或微弯，果柄较长，果皮薄，果指长 11～14 厘米，单果重 60～100 克，味清甜可口，足熟时有微香，株产 10～25 千克。

3. 长果粉蕉

如零星分布于珠江三角洲的牛奶蕉，干高 3.2～4.5 米，假茎黄绿色，株型似粉沙香，但果数较少，果指较长，果形似香蕉，果指长 14～18 厘米，单果重 100～180 克，果皮稍厚，皮色灰绿，味甜少香，一般株产 15～25 千克。

4. 方果粉蕉

如福建的龙溪米蕉，干高 3.5～4.5 米，浓绿色，粗 60～70 厘米。果指棱明显如四方蕉，果指 13～15 厘米，果数多，单果重 90～130 克，果柄粗大，果皮稍厚，后熟暗黄色。肉质松滑，味甜无香无酸，肉色乳白色至浅黄橙色。一般株产 20～27 千克。

5. 粉 大 蕉

也称大粉蕉。干高 3.2～4.8 米，粗 70～85 厘米，色青绿具黑斑。果数较多，果指长 15～18 厘米。果粗大具棱，果皮厚，灰绿色，被白粉，后熟灰蛋黄色，肉质松滑，肉色乳白，味较淡，无香味。株产 18～30 千克，较耐巴拿马病。

(四) 龙牙蕉

基因组AAB。果实后熟颜色金黄，果身较圆，龙牙蕉类型较多，主要有以下几种。

1. 过山香

又称中山龙牙蕉(广东)、美蕉(福建)、象牙蕉(四川)、打里蕉(海南)。属丝蕉类。植株较瘦高。干高 2.2～4 米，淡黄绿色，具少数棕色斑点及紫红色条纹。叶狭长，基部两侧呈不对称的楔形。果轴有茸毛，叶柄与假茎被白粉，花苞表面紫红色，被白粉。果实近柱形，肥满，直或微弯，胚珠 2 行。花柱宿存。果皮薄，后熟颜色金黄，果皮易纵裂。果指易脱梳。果肉后熟比果皮转色稍慢。果肉质地柔软，甜或微带酸，有特殊风味。株产 10～20 千克。易感巴拿马病，也易感象鼻虫、卷叶虫，抗风性较差，抗寒力稍优于香蕉。冬季低温发育的果实后熟后有“生骨”现象。果实不耐贮运。生育期比香蕉长 1～2 个月。

2. 金指蕉

又称孟加拉龙牙蕉。植株较瘦高，干高 2.8～4.5 米，色黄绿具有深浅不同的浅红紫痕，柄脉浅红紫色，吸芽更典型。吸芽早长。果穗梳果数特多，果较短小，单果重 70～110 克，果端小，十分饱满时也易裂果。果肉质软，味甜带酸，皮色艳黄。株产 15～25 千克。抗巴拿马病，但易感香蕉线条病毒。试管苗种植抽叶 8～44 片，生育期比香蕉长约 1 个月。

3. 贵妃蕉

又称河口龙牙蕉。干高 2.5～3.5 米，假茎青绿色、被黑斑，果指微弯，果端稍小、内弯，果柄短粗，单果重 70～130 克，果指长 12～18 厘米，青果灰绿色，后熟深黄色，皮较厚，肉质软，固形物含量较低，但味极清甜，香味近香蕉，株产 10～20

千克。该品种耐镰刀菌枯萎病，但易感香蕉假茎象鼻虫，果实易受鼠害。

4. 吕宋蕉

也称南洋蕉、拉屯旦龙牙蕉、菲律宾香蕉。干高 2.4～2.9 米，色青绿，具黑斑。叶片较直立，叶色青绿，梳果数较少，单果重 100～150 克，果指长 14～21 厘米，青果灰绿色，果端饱满，后熟为橙黄色，肉色深黄，质粉清甜，有特殊香味，品质优。株产 10～20 千克。易感巴拿马病。

5. 小黑芭蕉

干高 2.8～4 米，较粗，色青绿，有少量黑斑，梳果数较少，果较粗大且直，单果重 150～300 克，果皮青绿具蜡质，皮厚，果端钝，果指长 15～22 厘米，后熟呈金黄色，肉质粉，肉色黄白色，味甜带酸，风味好。株产 10～18 千克。抗巴拿马病。

三、我国主栽香蕉品种

我国香蕉除小面积分散栽培的大蕉、粉蕉、龙牙蕉外，商业性栽培的绝大多数是香牙蕉。栽培较多或重要的品种简介如下。

（一）大种高把

属高把香牙蕉。为珠江三角洲各市县的优良品种。干高 2.6～3 米，茎形比为 4.57，叶较长大，叶形比 2.5，叶距较疏，叶柄长且粗，叶柄中肋被白粉。果轴粗大，梳果数较多，果较饱满，中等长。果实生长期稍短。株产一般 20～30 千克。果实品质好。耐肥、耐湿、耐旱，耐寒力也较好，受霜冻后恢复生长快，但抗风力较差。该品种有青身高把（大叶青）和黄身高把

(黄把头)两个品系,前者雪蕉产量较高,后者正造蕉较高产。

(二) 东莞中把

属中把香牙蕉。是珠江三角洲近十几年栽培较多的地方良种。干高 2.2～2.5 米,茎形比 3.77,叶形比 2.25。一般株产 18～28 千克。果指长 18～20 厘米,耐风,也较耐叶斑病。

(三) 高脚逅地蕾

属高干香牙蕉。为广东省高州市的良种之一。株型高大,干高 3.2～4 米。茎形比 6.63,叶片细长,叶形比 3.26,叶柄长,叶距大。果穗匀称,中等长大,梳距较大,梳数、果数较少,果实长大,果指长 20～24 厘米。单果重 150 克以上,果实外观好,品质佳。株产较高,一般 25～30 千克,个别可达 70 千克。但对土壤、肥水要求较高,条件差时表现不佳。在珠江三角洲等地表现低产。抗风力极差,受霜冻后较难恢复生长,也易感束顶病。该品种有立叶和垂叶两个品系,以前者较高产。

(四) 广东香蕉 1 号

属中矮把香牙蕉。由广东省农科院果树研究所在高州矮中株选而成的矮化抗风丰产新品种。干高 2～2.4 米。假茎粗壮,上下较匀称。茎形比 3.92,叶片较短阔,叶形比 2.25。果穗中等长大,果数较多,果梳较密。果指长 17～22 厘米。单果重 100～130 克。品质中上。株产 18～27 千克,正造果产量高。抗风力、抗寒力、抗叶斑病能力较强,但对土壤、肥水条件要求较高,适宜台风地区灌溉蕉园尤其是正造蕉栽培。

（五）广东香蕉2号

属中把香牙蕉。是由广东省农科院果树研究所在引入的越南香蕉中选育而成的新品种。干高2.2～2.65米，茎形比4.3，叶片稍短阔，叶形比2.38。果穗较长大，梳数、果数较多，株产22～32千克。果指稍细长，为18～23厘米。品质中上。抗风力较强，抗寒力中等，受冻后恢复生长快。适宜于各蕉区栽种，对土壤、水分要求也稍高。最近几年在该品种中筛选出优系18-20，比原种增产10%，梳形更好。

（六）威廉斯

从澳大利亚引入的新品种，属中把香牙蕉。干高2.5～2.8米，假茎稍细，茎形比4.7，叶片较长而稍直立，叶形比2.5。果穗较长，中等大，梳数较多，果数稍少，梳距较大，梳形较好。果指较长大，为19～23厘米。品质中等。株产20～30千克。抗风力较差，也较易感叶斑病。后在该品种中提纯出8818优系，组培的变异率较低，梳形好，产量较高且稳定，是值得推广的香蕉品种。

（七）巴西蕉

为引入品种，估计为“伐来利”品种。属高把香牙蕉。干高2.6～3.2米，假茎上下较粗，叶片较细长、直立。果穗较长，梳形、果形较好。果指长19～23厘米，株产20～30千克。是近年来较受欢迎的春夏蕉品种。

（八）泰国香蕉

泰国香蕉又称泰选或B9，属中把香牙蕉。干高2.3～3

米，较粗，色黄绿，被褐斑。果穗的梳果数较多，果指长18.5～22.5厘米，丰产性好，一般株产20～30千克，适宜少风害、肥沃土壤地区栽培。

（九）台湾8号

简称台八，是仙人蕉中筛选出的新优系，属高把香牙蕉。干高2.6～3.5米，稍瘦。叶距较疏，叶较长，稍开张，果穗较长，上下较匀称，梳形、果形较好，果指长19～23厘米。一般株产20～28千克，品质好，但抗风性较差，较适合少风害地区或作年年新种栽培。

（十）龙　优

是大种高把（大种龙牙）芽变后筛选而成的一个优系。干高2.6～2.9米，较细，色黑褐，抽蕾前叶距小，有时密把，但果轴很长，不会缩颈，果大，单果重150～300克。果特长、饱满，果指长19～25厘米，梳数多时果穗有尖尾现象。丰产性好，一般株产20～33千克。只有土壤肥沃，肥水充足，才能发挥其丰产、大果、长果的特性。其缺点是由于果长而大，果指排列较差，造成穗形不好，不利于整穗运输。另外，组培苗变异率较高，且试管苗假植期叶短阔，矮化变异苗无法早期诊断剔除。

（十一）广粉1号

是广东省农科院果树研究所通过香蕉资源鉴定评价筛选出来的优良粉蕉品种。植株干高3.5～4.5米，干粗（中周）70～80厘米，叶片长大。果穗大，每穗8～14梳，150～230只果。果较大，单果重100～200克，果柄较短，果肩较粗大，果尖稍长，果指长12～16厘米。果形较直，皮色灰绿至黄绿，带少量粉质，后熟皮色浅黄色至橙黄色，肉质滑，味甜，香味少。丰产，一般株产20～30千克，高产的达40～50千克。是目前推广的产量最高、品质优、抗逆性强的优良粉蕉品种。但感巴拿马病。

（十二）顺德中把大蕉

珠江三角洲栽培较多。干高2.4～3米，粗65～85厘米。每穗7～10梳，120～180只果，株产17～25千克，最高可达40～50千克。果指长13～16厘米，果较大，品质好。是生育期短、高产优质、抗风的大蕉良种。

（十三）红 香 蕉

红香蕉有红蕉和绿红蕉2种，绿红蕉栽培或组培过程会发生绿蕉和红蕉的分离，红蕉的叶鞘和叶柄及果皮呈紫红色，绿蕉的叶鞘、叶柄及果实为青绿色。红蕉的果实紫红色，别具特色，更适合送礼、祭祀之用，因而在有些地方如广东潮汕地区价格极高。但红蕉干高达3.3～4.5米，生育期长达15～18个月，易受风害和冷害。果穗的梳果数较少，果指长16～20厘米，肉色黄白色，质柔软，味甜，具兰花香味。一般株产12～25千克。适应性差，适合于零星栽培。

（十四）台湾省的香蕉品种

台湾省的香蕉主栽品种为北蕉，系200多年前从华南地区引进的，后又在北蕉中选出仙人蕉。20世纪70年代后台湾香蕉受黄叶病危害，最近育成耐该病的新品种台蕉1号。针对台湾台风较严重的状况，又引进推广一些中矮把品种如台蕉2号、大矮蕉、矮性伐来利、乌木等。

1. 北　蕉

属中把香牙蕉。干高2.4～2.8米，茎基周70～90厘米，叶片总数40片，春植生育期347天，梳数、果数较多。一般株产23～28千克。果实品质较好。

2. 仙人蕉

是从北蕉中选育出来的，属高把香牙蕉。干高2.7～3.2米，茎形比4.8，叶形比2.6，株产优于北蕉，果实含糖量较高，果皮较厚，贮运寿命较长。生育期比北蕉长15～30天。抗风性较差。

3. 台蕉1号

是台湾香蕉研究所选育的抗镰刀菌（小种4）枯萎病（香蕉黄叶病）的香蕉新品种。较耐黄叶病，发病率为4.8%，而北蕉为39.1%。生育期比北蕉长30～40天，株产20.4～24.5千克，比北蕉少2.8千克。果梳大小适中，外销合格率比北蕉高，含糖量比北蕉稍高，催熟转色比北蕉好，但植株较高，果实硬心率比北蕉稍高，对气候、土壤及肥水要求较高。

4. 台蕉2号

也称巴贝多矮蕉，耐黄叶病。属中矮把香牙蕉。植株比北蕉矮30～50厘米，假茎较粗壮，新植正造蕉干高2.2～2.4米。株产26～27千克，比北蕉略高，梳数、果数比北蕉略多，抗风力比北蕉强。

第三章　香蕉的生长习性及其对环境条件的要求

香蕉属大型多年生草本果树。成年香蕉植株由根、球茎、假茎、叶子、果穗等组成，植株的头部称球茎，大部分在地下

（也称地下茎）。香蕉的叶子包括叶鞘、叶柄、叶片 3 部分。叶鞘叠裹成的干称假茎，花芽分化后，在假茎中央着生撑起花蕾向上抽生的茎，称花序茎、气生茎。从假茎顶部至花蕾的气生茎称果轴。开花后雌花子房长成的果实连同果轴称果穗，也称果串、条蕉，台湾称果房。果穗上一梳梳的果实称果梳、果把或果手，果梳上的单个果实称果指。每梳有果指两排，有时果指排列不好，呈 3 层果。梳与梳着生的距离称梳距。

球茎上着生许多叶子，每叶腋下有 1 个潜伏芽称腋芽，在营养生长中后期可以萌发长大，称吸芽。吸芽生长初期的叶仅有叶鞘，没有叶片（肉），称鳞鞘叶，继而长出若干片狭窄叶片的剑状叶称剑叶。球茎或花序茎上两叶片着生间的距离称茎的节。假茎上相邻两叶柄基部的距离称叶距。叶柄向上卷形成叶柄沟槽。假茎顶部叶柄着生处称“把头”或“丫口”。叶片上有一与叶柄相连（叶柄延伸）、内部结构与叶柄相似的大叶脉，称柄脉（也有称中肋）。叶片上有许多近于平行呈长 S 形的叶脉与柄脉相连，呈肋状，故称肋脉（或侧脉）。每两肋脉间还有众多小脉，没有维束管，称小盲脉。叶片的序数是由上至下，最后抽生的叶片称第一叶，余类推。

香蕉植株器官组织名称见图 3-1。

一、香蕉的生长习性

（一）根的生长习性

香蕉的根系属须根系，没有主根，故分布较浅。须根由球茎抽生而出，具有吸收肥水及固定植株的作用。香蕉根系分原生根（由球茎中心柱的表面以 4 条一组的形式抽出）、次生根

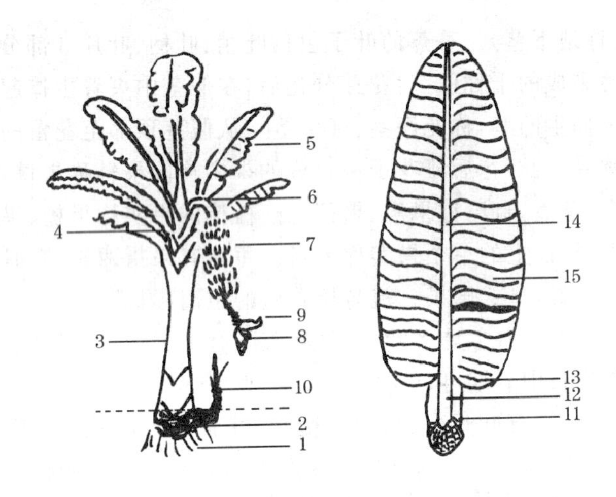

图 3-1 香蕉植株器官组织名称

1. 根 2. 球茎 3. 假茎(叶鞘) 4. 把头、叶柄 5. 叶片 6. 果轴 7. 果穗 8. 雄花蕾 9. 苞片 10. 吸芽 11. 叶柄 12. 叶柄沟槽 13. 叶基 14. 柄脉 15. 肋脉

(由原生根长出)、三级根(由次生根长出)及根毛。香蕉的根属肉质根,粗 5～8 毫米,白色,肉质,生长后期木栓化,浅褐色。根的数量取决于植株的年龄及健康状况,其变化是相当大的。健康的成年球茎,可着生 200～300 条根,最多可达 500 条以上。大多数根着生于球茎的上部,少数在基部下面。着生于上部的分布在土壤表层,形成水平根系,最长可达 5 米以外,多数在 15 厘米深处,少数可达 75 厘米深;着生于球茎下部的,几乎是垂直向下的,形成垂直根系,最深可达 1.4 米,随着球茎的不断向上生长,根的抽生位置也往上移,不断对球茎培土是促根抽生的前提。根系分布的深度与土壤的通气性和地下水位的高低及品种有关。土壤通气性好,土层深厚,地下水位低,根系分布就较深,植株高大,其根系也分布较深且广。

根系的抽生，以生长季节抽蕾前最为旺盛，抽蕾后基本上不再抽生新根，但根在果实采收时仍具功能。根尖的生长力，每月可达 60 厘米。原生根生出众多次生根，次生根上有许多根毛，负责水分和矿质营养的吸收，常称为吸收根，主要发生于原生根的末端部位，故施肥不要离蕉头太近。通常叶片抽生迅速时，根系的抽生也较旺盛。

香蕉根系有如下特点：①好气性。香蕉根为肉质根，需要大量的氧气，土壤中氧气不足时，会往上生长，严重时会烂根，故要求土壤疏松，不能渍水。②喜温性。根系的生长和吸收需一定的热量，冬季低温时不抽生新根，甚至根会被冻死。③喜湿性。香蕉根系十分柔嫩，含水量极高，根毛的生长需要很大的湿度，湿度不足，根毛死亡或不生长，根系易木栓化，降低吸收功能。④巨型性。香蕉虽然没有巨大的主根，但有吸收功能的三级根也较大，直径可达 1～4 毫米。⑤富集性。由于原生根不断从球茎抽生出来，致使根系密集在球茎附近 60～80 厘米范围内，极易造成这个范围内的营养枯竭及有害分泌物和微生物的积累。土壤瘦瘠的蕉园宿根蕉生长不如新植蕉。种群的不同，如香蕉、大蕉、粉蕉、龙牙蕉等，上述好气性、喜温性及喜湿性有较大的差异。

根的寿命取决于环境条件和养分等。据罗宾逊观察，香蕉的原生根寿命为 4～6 个月，次生根为 8 周，第三级根是 5 周，根毛仅为 3 周。最主要的环境条件是土壤的通气性、温度和湿度。香蕉根系肉质嫩弱，需氧气多，需一定的适温，不耐涝，不耐旱，也不耐肥。

没有良好的根系，香蕉地上部生长就不正常，更谈不上优质高产。土壤排水不良，干旱，过高过低的温度，施肥不当造成肥伤及存在着有毒物质，都是危害根系生长的常见重要因素。

（二）茎的结构及生长习性

香蕉的茎分为真茎和假茎两部分。真茎又包括球茎和气生茎(花序茎)。

1. 球　茎

俗称蕉头，生于地下，是着生根系、叶片和吸芽的地方，也是养分的贮藏器官，富含淀粉和矿质营养。球茎的中央为中心柱，富含薄壁细胞及维管束，四周的皮层，上部着生叶鞘，下部着生根系及吸芽。吸芽与母株的维管束是相通的，可与母株进行营养、水分及激素的交流。

球茎的顶部中央即为生长点，开始仅抽生叶子，当植株生长到一定程度，生长点叶芽转化为花芽，形成花蕾，并不断向上抽生。抽蕾后，撑着果穗。这就是气生茎，也就是含于假茎之中心的真茎(图 3-2)。

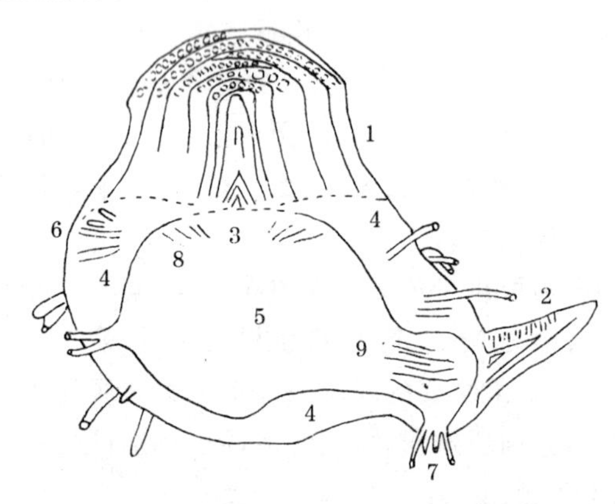

图 3-2　香蕉球茎纵剖图(西蒙兹 1966)

1. 叶鞘　2. 吸芽　3. 生长点及形成层　4. 皮层　5. 中心柱　6. 原根组　7. 根组　8,9. 叶基及中柱维管束组真茎上着生许多叶片，两叶片着生之间称为茎的节。球茎的节间很短，几乎为零，但气生茎的节间较长，可达1米。香蕉每片叶基部球茎含有1个腋芽，但能发育成吸芽的仅几个至十几个。

球茎的生长包括横向生长和纵向生长，一般横向和纵向均匀生长膨大，但如定植过深，土质粘重、渍水，纵向生长会大于横向生长，表现“露头”。球茎在植株营养中后期生长加速，花芽分化后期增至最粗，以后基本停止膨大。球茎在香蕉收获期后几个月甚至1年以上才死亡，其养分可供吸芽生长，但会诱发病虫害及阻碍子代根系的生长，可用铲破成4块加速其腐烂，最后挖除填上新土。

花序茎是植株进行花芽分化的生理分化阶段时由球茎骤缩形成。花序茎由薄壁细胞和维管束构成，富含钾，其上着生6～8片叶，这些叶片的节间越来越大，最大可达1米。花序茎上着生的叶片是果穗最重要的光合产物提供者。

2. 假　茎

由叶鞘互相紧密抱合而成，俗称蕉身或干，多汁，呈圆柱形。叶鞘两面光滑，内表皮纤维素大大加厚，外表皮外露时，先是木栓化，后是木质化，以便起保护作用。叶鞘内有薄壁组织和通气组织形成的间隔，维管束有发达的韧皮部夹带离生乳汁导管，多分布于靠近外表皮处。最外层的维管束也伴有厚壁组织。从假茎的组织结构看，它是较易折断的。其结构质地也因品种而异，大蕉、粉蕉较香蕉结实。假茎含有丰富的养分。据梁孝衍(1990)分析，假茎含五氧化二磷和氧化钾比其他任何器官都多，含氮仅次于叶片。抽蕾后，假茎上的养分尤其是钾转移到果实上去。生产实践中可见假茎粗大的产量相对较高。生长前期，假茎干物质的积累占70%以上，采收后，假茎的营养也可部分回供吸芽生长。

与假茎上端连接的是叶柄，其结构与假茎相似。各品种的叶柄长短、形状不同，是区别香蕉、龙牙蕉、粉蕉和大蕉的主要依据之一。

不同类型品种的假茎颜色是不同的，大蕉为青绿色，粉蕉为青绿色被粉，香蕉为棕褐斑青色，龙牙蕉为紫红斑黄绿色。

香蕉假茎高度是一个极重要的性状，它与品种、果实的产量质量、种植密度、抗风性、田间管理等的关系十分密切。高干品种比矮干品种高，正造蕉比雪蕉高，宿根蕉比新植蕉高，肥水充足的比肥水差的高，光照不足比光照充足的高。经常可见中矮把品种宿根蕉的干高相当于中把品种新植蕉的干高，有时宿根正造蕉的干高比新植中把蕉雪蕉的干还要高些。但正常条件下，每一品种的干高与粗（中周）的比（茎形比）在抽蕾时是相对稳定的。

假茎的粗度取决于叶鞘的厚度和数量，与品种、营养及水分供给，病虫害防治及环境条件关系密切，一般假茎粗壮的植株抗风性较强，梳果数较多，但果指较短。而假茎高而瘦的香蕉则相反，抗风性差，梳果少而果指较长。大蕉、龙牙蕉等这方面的规律性不明显。

（三）吸芽的生长习性

香蕉吸芽是植株生长到一定程度由腋芽生长而成的。

吸芽抽生后的生长与母株的内源激素尤其是赤霉素及营养有极大的关系。高温多湿、营养充足而光照不足，早抽生的吸芽叶片较难生长，而叶鞘则很发达，叶距大，以致以后长成的植株假茎很高，对宿根栽培影响很大。秋末抽生的吸芽，由于气温较低，空气湿度低，其球茎较大，根系较多，而叶鞘较短，叶距小，消耗母株营养较少。母株收获后抽生的吸芽，由于没有母株产生激素及叶片遮荫的影响，一般很容易长叶片，叶距较小，长成的植株也较矮。

对于不同条件长成的吸芽用作种植材料，请参看本书54页“香蕉的育苗技术”部分。

吸芽生长初期，本身不能或极少进行光合作用，其生长所需的碳水化合物来自母株，而无机养分在未生根或少根时来自母株，在根系吸收能力强时，则可自行吸收。故吸芽的产生及生长对母株的生育影响很大，尤其在生产季节对吸芽施用大量氮素，会刺激吸芽的生长，使吸芽抢夺母株的有机养分而使母株减产。在不留芽栽培上，产量可提高5%～15%，生育期缩短15～30天。

（四）叶的生长习性

香蕉属单子叶植物，叶形变化很大。吸芽初时有几片至10片鳞叶，继之有10～15片5厘米宽的剑叶，再长8～14片小叶，再有约15片大叶，最后是葵扇形的护蕾叶，叶的长度是由短到长，又由长到短，而宽度则由窄至阔，最后的护蕾叶稍变窄。故香蕉的叶片面积是由小至大，又由大至小。一般描述品种叶片大小是指椭圆形的大叶。西蒙兹（1966）认为，第七片叶为最大叶。但我们在高州的试验结果，第一造正造蕉的最大叶为第四第五片叶，其次为第三和第六片叶，且最后5片叶占总叶面积的30%，最后12片叶占总叶面积的70%。几蒂玛-高玲蒂克（1970）报道，植株有80%的光合作用在倒数第二至五片叶中进行。在澳洲，唐纳（1980）发现新植蕉果穗的果数与第三至第五叶的总面积密切相关（r＝0.92），而宿根蕉第一造则与第六至第九叶的总叶面积密切相关，宿根蕉第二造则与第五至第七叶的总叶面积相关。所以，保护好后期青叶是优质高产的重要保证。

每片新叶由假茎中间抽出，一般后抽生的叶鞘较长，新叶片比旧叶片位置稍高，但有时寒冷或伤根时，则新叶与旧叶等高，甚至比旧叶还低，花蕾常抽不出或花蕾指天。叶片很容易撕裂成条状。但撕裂后每一叶脉仍与中肋相连，对叶片的功能影响不大，而对减少植株风害有好处。沿着中肋有一些细胞，当干旱时，能使叶片降低一半，以便减少蒸发。叶片上下面均有气孔，但叶背的气孔是叶面的3～5倍。叶尖、叶缘的气孔数也较多。叶片气孔也是病菌和有毒气体入侵的地方，故常见叶尖、叶缘的病枯较多。

叶片的大小除因叶龄不同而有变化外，也因品种不同而异。一般植株愈高大，叶面积也愈大。高干品种叶片最大达3平方米，总叶面积达20平方米以上；而矮干品种叶片最大约1平方米，总叶面积13～15平方米。植株的总叶面积除与品种有关外，还与气候、栽培管理条件等有关。一般植株愈高总叶面积也愈大。总叶面积是宿根蕉比新植蕉大，正造蕉比雪蕉大，土壤肥沃、肥水充足的较大，种植密度大的较大。抽蕾的前后时期是植株青叶面积最大的时期，其所推算的叶面积指数，是香蕉种植密度的参考数。香蕉的叶面积指数是2～4.5，通常是3～4，在亚热带条件下以3～3.5为宜。

虽然叶片的大小变化较大，但正常大叶的长与宽之比（叶形比）是相对稳定的，这是区别香牙蕉栽培品种的重要依据之一。通常干愈高其叶形比愈大，即高干品种的叶子是长窄形的，而矮干品种的叶片是短阔形的。

叶的寿命差异较大，其长短取决于环境条件和健康状况，一般为71～281天。春季叶的寿命比秋冬季长。但在病菌危害、肥水过多或过少、台风撕裂、温度不适宜、光照太少等情况下,叶的寿命也较短。保持收获时有较多的青叶数,是提高果实耐贮性和商品质量的重要保证。

香蕉每一植株一生抽生的叶片数差异是较大的,与品种、苗木起始的营养状况及栽培过程的环境气候条件和栽培措施等关系甚大。栽种时苗木贮存养分较多,栽培过程各方面条件又较好则叶片较大,其抽生叶片数较少,一般为36片左右。如刚抽蕾挂果的母株受风害或冷害砍去后,所抽生的吸芽,一般抽生30～32片叶即可抽蕾。相反,种苗弱小,如隔山飞,试管苗种植的植株抽生的叶数较多,通常40～44片,多的达50片。条件良好时,36～38片叶也可抽蕾。肥水不足,过密的蕉园,抽生叶数也较多。故用叶数来确定植株的生长期,需参照其他因素。

叶片的生长速度,与温度、肥水、光照等有关,在亚热带条件下也是较快的。5～8月份,高温高湿、肥足的,每月可抽生4～5片,多的达8片。低温、干旱、伤根时会抑制叶片的抽生,冬季的叶片抽生也很少。在澳洲,威廉斯品种在昼和夜温度为33℃和26℃时叶片生长最快,而变为17℃和10℃时产生冷害,达到37℃和30℃时产生热害。

(五)花和果实的生长习性

1. 花芽分化

香蕉植株由吸芽或幼苗开始营养生长到一定的阶段,就进行花芽分化,其顶端生长点转变成花芽。开始时,花芽的位置约于球茎上面20～25厘米处。花芽分化过程中,花序的生长很少,整个花芽才1～2.5厘米长。在形态分化过程中,先是见到果梳,后在果梳上见到单果,果穗的梳数和果数在抽蕾前已形成。据三么怀(1944)观察,果实的数目主要与最后3～4片叶时期的发育即抽蕾前1个月左右的气候条件有关。唐纳(1980)通过总结最后第三至第八片叶的面积和果数的相关性后,提出花芽分化中期是决定果数的临界阶段。根据珠江三角洲5月上旬抽蕾的长短指(梳数果数少)及1～2月低温的推算,对梳数、果数影响较大的外界因素时期应在最后第五、六片叶。

当幼嫩的花序可用手提放大镜看到时,即有11～12片未抽生的叶片,这些叶片的抽生时间,大约也就是花芽分化到抽蕾的时间。这段时间因季节而异,夏季约2.5～3个月,而冬季则需5～6个月。

花序在气生茎伸长前进行了大量的发育,伸长一旦开始是快速的。泰(1958)在牙买加用拉卡坦香牙蕉做试验,指出花序可以在1个月内由假茎基部向上抽生出蕾,平均每天抽生8厘米。但应该指出,花序的抽生与叶的抽生一样,受气候因素尤其是温度的影响,在冬季,花蕾的抽生是缓慢的。

香蕉不像荔枝、柑橘等木本果树那样具有固定的物候期,只要生长到一定程度即可花芽分化、抽蕾和挂果,因此,香蕉四季均有抽蕾和收获。三么怀(1944)认为,花芽分化的开始与下列因素有关:伸展叶片总面积与叶的寿命,暴露于阳光下足够时数的叶片,每片功能叶生长过程的平均温度等。这些因素在热带条件下较容易记录成数据,并运用公式推算出花芽开始分化的时间,但在亚热带条件下就很难做到。

由于花芽分化始期施重肥对提高果实质量和产量极为重要,因此诊断花芽分化期也很重要。生产上花芽分化的诊断可从下列因素来参考:正常气候条件下,植株营养生长一定的叶片就会花芽分化,一般粗壮吸芽种植后抽生18～22片叶,试管苗(5～8叶龄种植)种植后抽生25～30片叶开始花芽分化;此时吸芽抽生处于旺盛时期,假茎的基部较为膨大。一般3月底至4月初种植的植株7月中旬至8月上旬开始花芽分化,9～10月份种植的植株于翌年4～5月份花芽分化。另外,印度瓦迪维尔(Vadivel 1976)发现,花芽分化开始时,核糖核酸、脱氧核糖核酸、蛋白质和维生素C的含量显著增高。查勒潘(1983)发现,花芽分化开始时,生长素、赤霉素、细胞分裂素、乙烯和抑制物质等的含量也明显升高。这些也可作为诊断的生理指标。

2. 抽蕾和开花

香蕉的花蕾由假茎基部中央向上抽出后再朝植株倾斜的方向向下弯,然后打开花苞开花。香蕉的花是穗状花序,顶生,花序轴下垂,花序基部为雌花,中部是中性花,顶端为雄花。花属完全花,由萼片、花瓣、雄蕊(花药、花丝)、雌蕊(子房、花柱、柱头)、花托组成。雌花的子房较长,以后发育成果实。每排花之上有一苞片,是叶的变态。雌花苞片在雌花开后约12天即脱落,雄花苞片有些脱落,有些是宿存的。

花蕾刚从假茎顶端抽出时称现蕾。花蕾下弯后开苞开花时称开花期,雌花开后断去雄花蕾时称断蕾期。从现蕾至断蕾的过程夏季需15天左右,冬季需20～30天。

3. 果实的生长和发育

香蕉的果实由雌花的子房发育而成,少数中性花也可发育成果实,但果短小,无经济价值。绝大多数食用蕉的果实为单性结实,是没有种子的。

1株香蕉一般挂果1穗。果穗的梳果数,果指的大小、形状等与品种、气候和栽培条件关系甚大。每穗有4～15梳,每梳有12～30果,单果重50～300克,果指长10～25厘米。果穗中每梳的果数，除个别季节某些植株第一梳仅有几只果外，通常是自上而下逐渐减少的。果指的长度也自上而下变短。这可能与营养的分配竞争有关。

开花前，果实与花蕾一样是向下的，这是果穗的向地性生长。开花后，果实逐渐向上弯，这是果实的背地性生长。通常果穗的向地性好果实的背地生长就好，穗形、梳形就好。如果果穗的果轴短，果穗斜生，那么第一、二梳果就不能垂直向上，造成所谓反梳或3层果现象，影响果实的商品质量。果穗的向地性和果实的背地性生长，是受植物激素控制的。一般植株高的品种，果轴较长，果穗下垂好（尤其是在低温季节），果指上弯好，果形较直。一些激素亢奋型的品种（品系）如龙优、辐-1、大果63-1等，果形特大，产量高，但果指排列不好，群众称“反梳”，难整穗运输。

果实的生长在抽蕾前已开始，主要是果皮的生长。果肉的生长要等到果指上弯后才开始。据印度学者报道，抽蕾后14天，果实获得了50%～64%的长度和36%～49%的粗度（直径）。抽蕾后1个月，果皮占果指重量的80%。果指长度在抽蕾后1个月内快速生长，平均每天伸长1.4～4.3毫米，以后生长变缓慢。但有些情况是例外的，如有些年份5月初抽蕾的“长短指”断蕾时果实很短，但由于温度、水分适宜，植株粗壮，叶多而果数少，收获时却很长。果肉的生长是呈几何级数增加的，肉皮比从开始时的0.17增至90天时的1.82。抽蕾后，在42天时皮肉干物质相等，在70天时皮肉鲜重相等，在14天时，果肉含水量达91%，在70天时减至74%，在采收时又略增加。香蕉果肉干物质的积累主要是淀粉。

果实数量和大小，是果穗产量的直接构成因素。据克雷斯文等（1983）报道，印度茹巴斯打香蕉产量与果数的相关系数为 r＝0.9377，与单果重的相关系数为 r＝0.8843。

果实的大小包括果实的长度和粗度。果实的长度是香蕉商品价值的一个重要指标，果指长，商品价值就高。影响果实长度的因素包括内外因素，内因有品种、植株生长势、果数。一般品种干高与果指长密切相关，干高的品种比干矮的品种果指较长，果较直。同一品种在良好栽培条件下植株表现较高，其果指也较长。而同一品种植株生长势相同，果数较少的果指就较长。植株高大粗壮，青叶数多，其果实的长度也较长。外界环境条件对果指长度影响也很大，果指伸长期的气温和水分对果指的伸长十分重要，如此时气温适宜，水分充足，果指就较长。如尖嘴蕉通常比雪蕉要长很多。此外，果实伸长期（断蕾前后）对果实喷植物生长调节剂如细胞分裂素、防落素、2,4-D、萘乙酸、赤霉素等，对增加果指长度也有效果。

（六）优质高产果实的指标

亚热带香蕉受气候影响较大，不同季节有不同的质量产量指标。一般旧花蕉（雪蕉）的产量较低，但品质较好；新花蕉的产量较高，外观较好，但品质稍差；正造蕉的产量高，质量也较好。目前，商品香蕉生产中果实的质量略优先于产量。其指标如下。

1. 高产指标

春夏蕉每穗 6～8 梳，130～140 果，株产 20～25 千克，每公顷产量 37.5～45 吨。正造蕉每穗 8～10 梳，150～170 果，株产 25～30 千克，每公顷产量 55～60 吨。

2. 优质指标

（1）果实外观　要求梳形好，果指排列整齐，无反梳或 3 层果现象，微弯，果指长大。春夏蕉果指长 18～20 厘米，正造蕉20～23厘米，每梳果16～24果。无病虫害及机械伤疤。青果颜色淡黄绿，后熟颜色金黄。国家技术监督局(1988-09-02)发布的《中华人民共和国国家标准(香蕉)》见表3-1，表3-2。

表3-1 条蕉规格质量

等级指标	优等品	一等品	合格品
特征 色泽	香蕉须具有同一类品种的特征。果实新鲜，形状完整，皮色青绿，有光泽，清洁	香蕉须具有同一类品种的特征。果实新鲜，形状完整，皮色青绿，有光泽，清洁	香蕉须具有同一类品种的特征。果实新鲜，形状尚完整，皮色青绿，尚清洁
成熟度	成熟适当，饱满度为75%～80%	成熟适当，饱满度为75%～80%	成熟适当，饱满度为75%～80%
重量 梳数 长度	每1条香蕉重量在18千克以上，不少于7梳，中间1梳每只长度不低于23厘米	每1条香蕉重量在14千克以上，不少于6梳，中间1梳每只长度不低于20厘米	每1条香蕉重量在11千克以上，不少于5梳，中间1梳每只长度不低于18厘米
每千克只数	尾梳蕉每千克不得超过12只。每批中不合格者以条蕉计算不得超过总条数的3%	尾梳蕉每千克不得超过16只。每批中不合格者以条蕉计算不得超过总条数的5%	尾梳蕉每千克不得超过20只。每批中不合格者以条蕉计算不得超过总条数的10%
伤病害	无腐烂、裂果、断果。裂轴压伤、擦伤、日灼、疤痕、黑星病及其他病虫害不得超过轻度损害 果轴头必须留有头梳蕉果顶1～3厘米	无腐烂、裂果、断果。裂轴压伤、擦伤、日灼、疤痕、黑星病及其他病虫害不得超过一般损害 果轴头必须留有头梳蕉果顶1～3厘米	无腐烂、裂果、断果。裂轴压伤、擦伤、日灼、疤痕、黑星病及其他病虫害不得超过重度损害 果轴头必须留有头梳蕉果顶1～3厘米

表 3-2 梳蕉规格质量

等级指标	优 等 品	一 等 品	合 格 品
特 征 色 泽	香蕉须具有同一类品种的特征。果实新鲜,形状完整,皮色青绿,有光泽,清洁	香蕉须具有同一类品种的特征。果实新鲜,形状完整,皮色青绿,有光泽,清洁	香蕉须具有同一类品种的特征。果实新鲜,形状尚完整,皮色青绿,尚清洁
成熟度	成熟适当,饱满度为75%~80%	成熟适当,饱满度为75%~80%	成熟适当,饱满度为75%~80%
每千克 只数	梳形完整,每千克不得超过8只。果实长度22厘米以上。每批中不合格者,以梳数计算,不得超过总梳数的5%	梳形完整,每千克不得超过11只。果实长度19厘米以上。每批中不合格者,以梳数计算,不得超过总梳数的10%	梳形完整,每千克不得超过14只。果实长度16厘米以上。每批中不合格者,以梳数计算,不得超过总梳数的10%
伤病害	不得有腐烂、裂果、断果。允许有压伤、擦伤、折柄、日灼、疤痕、黑星病及其他病虫害所引起的轻度损害	不得有腐烂、裂果、断果。允许有压伤、擦伤、折柄、日灼、疤痕、黑星病及其他病虫害所引起的一般损害	不得有腐烂、裂果、断果。允许有压伤、擦伤、折柄、日灼、疤痕、黑星病及其他病虫害所引起的较重损害
果 轴	去轴,切口光滑。果柄不得软弱或折损	去轴,切口光滑。果柄不得软弱或折损	去轴,切口光滑。果柄不得软弱或折损

(2)果实品质　含糖量高,一般为19%~22%,可溶性固形物22%以上。果肉质地结实,柔滑、溶口,香味浓郁,风味好;果皮较厚,成熟时剥离不易断。

(3)耐贮性　包括青果的耐贮性和熟果的货架寿命。优质的果实,青果耐贮性好,一般常温下可自然放置10~12天,保鲜处理的30~40天,有利于长途运输。催熟后果实货架寿命长，高温季节3～4天，其他季节4～6天，果指不易脱梳。

（七）生育期及其影响因素

香蕉生育期通常指香蕉从种植（或留芽）至收获整个历程的生长发育周期。它包括抽蕾前的营养生长期和抽蕾后的果实生长期两个阶段（或时期）。其中包括苗期、营养生长期、花芽分化期、抽蕾期、断蕾期、收获期等。因为香蕉不是1年1造，故国外还提到一造与另一造的收获时间称周期间隔。

香蕉只要生长到一定程度即可开花挂果，整个生育期的长短是多变的。其影响因素如下。

1. 品　种

一般来说，香蕉的植株愈高，其生育期就愈长。如中矮干品种比高干品种生育期短1个月左右，这可能是干愈高，叶片或花蕾从球茎经假茎中央抽生的时间愈长。大蕉、粉蕉、龙牙蕉、红蕉等，均比香牙蕉生育期要长1～6个月。

2. 种植期与留芽期

种植或留芽，是1个世代的起点，其迟早当然也影响收获期的迟早。香蕉新植或宿根栽培有一个大约的时间，新蕉春植一般11～13个月，宿根蕉一般15个月。亚热带蕉区，秋植蕉因受冬季的影响，生育期要长2～3个月。

3. 种植材料

一般吸芽苗高大粗壮，贮藏养分多而伤根少，定植后恢复生长快，生长旺盛等，其生育期就短；反之，水芽、试管苗长势弱，其生育期就长。试管苗中，叶龄多的比叶龄少的早抽蕾，如10片叶龄的试管苗种植比4～5叶龄的提早抽蕾20～30天。

4. 种植密度

种植稀疏的比密的可提早收获，尤其是宿根蕉更明显。宿根蕉密植的可比疏植的延迟2～3个月收获。密植增加叶片间的遮荫,使冷季吸芽、植株茎干、土壤等的温度不能很好地提高,因此生长速度慢,叶片数也较多。

5. 肥水管理

良好的肥水管理可提早1～2个月以上收获。土壤肥沃、养分充足可使植株生长迅速。最能加速植株生长的元素是氮,其次是钾。据报道,增施农家肥、氮肥可提早收获1～2个月,增施钾肥可提早结果10～20天,但肥伤会延缓甚至停止生长。适当的水分对生长也十分重要,干旱和涝害会妨碍根的活动,使生长受到抑制。最典型的例子是薄膜大棚中的试管苗假植时,在肥水控制下生长约1年,植株只有20厘米左右高。

6. 温　度

温度是影响生育期的重要因素。香蕉喜欢较高的温度,在27～31℃时生长最快。在热带没有冬季,生育期较短;在亚热带低温的冬季,香蕉生长甚少,生育期也长。疏植提高冷季土壤的温度,冬季果穗套袋提高果穗的温度,均能加快生长,缩短生育期。1998年我国由于气温高,春植香蕉抽蕾前的叶片数比往年少2～3片,生育期缩短约1个月。

7. 吸芽花穗及叶片的影响

母株会抑制吸芽的生长发育,新植蕉植株比宿根留芽的植株生育期短20%。斯托弗(1987)提到,中南美洲及菲律宾将刚抽生的花穗去掉,留下叶片8周,结果子代生长发育加快,比不去穗的早抽蕾37天。洪都拉斯做了一个去叶试验,植株抽蕾时仅留7片叶,结果使伐来利和大矮蕉的子代提早收获。而且在大矮蕉1 299株/公顷和2 203株/公顷的密度下均可见到此现象,说明可能不是光的效应,而是母株叶片对控制子代生育期有重要作用。我们已见到被台风吹断的植株其吸芽生长特别快，生育期比正常的短2～3个月。吸芽的生长对母株的生长也有牵制作用，留芽太早会使母株抽蕾期和收获期推迟。

8. 植物生长调节剂

据报道，赤霉素会延迟生育期，而乙烯利、生长素喷叶可提早抽蕾，2,4-D喷果可加快果实生长发育。

二、香蕉对环境条件的要求

香蕉原产于东南亚(包括中国南部)，其中心可能是马来半岛及印度尼西亚诸岛。我国是该中心的边缘地带。该中心主要气候特点是热带雨林，高温多湿，香蕉的两个祖先中，长梗蕉(BB)比尖苞片蕉(AA)分布稍广，除湿热地带外，稍干旱及稍低湿的地方也可见到。我国云南、海南、广东、广西等省、自治区也可发现野生蕉，它们多分布于潮湿的山谷中。从香蕉的原产地及香蕉生产实践来看，香蕉对环境条件有较高的要求。根据香蕉对温度、雨量及风等因素要求的综合评价，我国不是香蕉栽培最适区，海南省多数蕉区及广东省粤西地区等虽然热量条件较好，但雨量分布不均匀，也常受台风危害，云南省元江河谷下游的河口，李仙江和藤条江河谷等热带湿润区虽然气温较高，但冬春有旱害。珠江三角洲等蕉区通常易受风害及冷害。这些地区的香蕉栽培，面临干旱、台风或霜冻等因素的影响，应根据各个具体因素确定栽培品种、栽培技术及栽培制度。在大于10℃以上的年积温在6 000℃以下，1月平均气温20℃以下，极端最低气温0℃以下的地方，冬季就不要进行香蕉露天栽培。

（一）温 度

温度是影响香蕉生长发育的重要因素。香蕉属热带果树，喜欢较高的温度。温度高，生长快；温度低，生长慢，甚至不生长或出现冷害。香蕉植株不同器官对温度的反应稍有差异。据甘利(Ganley)报道(1980)，在厄瓜多尔，叶片的最适温度是28～30℃。据唐纳等报道(1983)，在澳洲叶片的最适温度白天为33℃，夜晚为26℃；果实生长适宜温度与叶片大体相同；根的最适温度是25℃和18℃。温度太高，对生长不利，37℃以上叶片和果实会出现灼伤。温度过低，会出现冷害。不同器官对冷害的反应也不同，其敏感程度依次是花蕾、嫩叶、嫩果、果实、叶片、假茎、根、球茎，幼嫩的和老化的器官均容易发生冷害。各器官生长的临界温度是叶片10～12℃，果实13℃，根13～15℃。低于上述临界温度即停止生长甚至出现冷害。如12℃时，嫩叶、嫩果、老熟果会出现轻微冷害；3～5℃时，叶片出现冷害症状；0～1℃时，植株死亡。低温是亚热带香蕉高产栽培的一个主要的限制因素。但适当低温对生殖生长和提高果实风味有利。在冬季不出现严重冷害的年份，10月份适当低温(20～25℃)，日夜温差大，此时花芽分化的就是翌年的尖嘴蕉，产量高，果指长，梳形果形好。而10月份抽蕾的青皮仔，在冬季较低的温度下缓慢成熟，果实含糖量高，肉质结实，风味好，耐贮，是品质最好的香蕉。

不同类型的品种，耐寒性不同。大蕉最耐寒，粉蕉、龙牙蕉次之，香蕉不耐寒。在AAA组香蕉中，大蜜舍香蕉和红绿蕉较不耐寒，而香牙蕉相对较耐寒。在香牙蕉亚组中，许多专家认为矮干香牙蕉比其他品系的香蕉耐寒，但矮干香牙蕉在低温期抽蕾时却容易出现“指天蕉”，产量也较低，从这一点看是不耐寒的。不同品种不同器官的耐寒性也有差异，如过山香的植株耐寒性较香蕉好，但果实常在低温生长时出现果肉不能正常后熟；油蕉的果实耐寒性较其他香蕉稍强，但叶鞘的耐寒性则较差；矮干蕉的植株耐寒性较高干蕉好，但其冬季抽蕾则比高干蕉差。

（二）水 分

香蕉是大型草本作物，植株多汁，水分含量高，叶面积很大，蒸腾量也很大，故香蕉的需水量是很大的。其需水量与生育期、气候等有关。植株大，叶面积大，光照强，气温高，湿度小，需水量就大。罗宾逊(1987)用威廉斯香蕉和矮香蕉小苗做试验，测定其第三、四、五片叶，夏天每日蒸腾量是每平方米8.7升，冬天为1.8升。说明香蕉冬季消耗水分较少，因为冬季香蕉几乎停止生长，而夏季高温期耗水量很大。在热带，1株矮香蕉一个大晴天耗水量是25升，云天耗水18升，阴天耗水9.5升，每月需降水量150毫米以上。故雨量分布均匀，每周50毫米的降水量是较合适的。

水分不足，香蕉生长受影响。短时缺水叶子两半片下垂，气孔关闭，光合作用暂停。严重干旱会使叶片枯黄凋萎，新叶不抽生，但球茎较耐旱。缺水会严重影响生育期和产量。据丹尼尔斯(1984)观察，香蕉缺水1个月在各个生长期引起的变化：在7～12片叶龄时，没有特别的影响；在13～18片、19～24片和25～30片叶时，分别延迟抽蕾43天、32天和28天，但叶数不变；13～18片和19～24片叶时缺水，果穗的果指数减少；所有缺水处理单株产量较低，尤其是19～24片叶龄以上时。缺水一般造成收获后果实的青果耐贮性差。

不同品种对水分缺乏的敏感程度不同，其耐旱性强弱的顺序是香牙蕉、龙牙蕉、粉蕉和大蕉。在香牙蕉中，干高的品种根系较发达，比干矮的品种较耐旱。

香蕉的根是肉质根，好气性强，干旱易枯根，土壤过湿易缺氧而烂根。雨季土壤排水不良甚至涝害，可造成根系缺氧，减弱功能甚至死亡。根系生长愈旺盛，土温愈高，渍水涝害造成的烂根就愈严重。植株各生长期耐涝性顺序(依次较强)是抽蕾期、孕蕾期、挂果期、幼株期、吸芽期。另外，大蕉、粉蕉的耐涝性也较强。据印度克雷斯文等(1980)报道，香蕉适宜的水分为60%～80%土壤田间持水量，土壤含水量过高过低均对香蕉生长不利。但挂果后期适当干旱对减少果实含水量，提高果实质量有好处。

香蕉对大气湿度的要求至今很少研究，但根据生产实践的各种迹象看，香蕉喜欢的大气相对湿度接近100%，干燥虽然不利于病菌传播和生长，但也不利于香蕉的生长。较高的湿度，可减轻高温、过低温引起的伤害。在薄膜覆盖高湿的试管假植苗，可忍受40～42℃的高温及2～4℃的低温。在寒害中，干冷常引起叶片果皮变黑，而湿冷则常引起植株烂心。

(三) 土 壤

土壤是根系着生滋养的地方。土壤肥力包括土壤的水分、养分、空气、热量等因素。

由于香蕉根系的生长特性及香蕉植株的营养特性，香蕉对土壤肥力的4大因素要求更高，要获得优质高产的香蕉，必须有如下的土壤。

1. 深厚的土层

香蕉根系着生的土层厚度十分重要，这决定根的生长范围内养分及水分的总贮量，一般要求土层厚60厘米以上，能达到 1～1.5 米更好。

2. 土壤疏松透气

这对香蕉根系供氧性十分重要。疏松土壤包括土壤的质地和结构，土壤质地最好是砂壤土至轻粘壤土，土壤结构为团粒结构。世界上香蕉生长良好的土壤是火山土和冲积土形成的壤质土壤。板结的粘土、细粉泥沙或淤泥沙是透气性和排水不良的土壤，一般不适宜栽培香蕉。犁底层高而粘重的(如白鳝泥)，香蕉生长也很差。

3. 土壤酸碱度适宜

虽然适合香蕉生长的 pH 值较广，但以 pH 值 6.5 左右为佳，pH 值太高太低影响养分的有效性。

4. 地下水位低

水田蕉园土壤地下水位要求距地面 0.8～1 米以下，地下水位高于 40 厘米，很难获取优质高产。在耕作层范围内，水位越低，根可生长的土层就越深。

5. 有机质含量高

我国南方蕉园土壤次生粘粒矿物主要为高岭石和三氧化物，阳离子代换量低。土壤有机质可大大提高土壤阳离子代换量，有利于形成团粒结构及提供养分如氮素等。

6. 土壤养分含量高，盐基离子平衡好

土壤养分含量高，可节省肥料成本，如洪都拉斯和加那利群岛蕉园，土壤钾含量达 1 000 ppm 以上；菲律宾蕉园，土壤交换性钙含量达 2 000 ppm，洪都拉斯蕉园，土壤的交换性钙含量达 7 000 ppm。良好蕉园土壤氧化钙、氧化镁、氧化钾的比例以 10∶5∶0.5 为佳。在沿海蕉园盐性土壤中，交换性钠含量超过300～500 ppm 时，不适宜栽培香蕉。

(四) 光 照

香蕉对光的要求似乎没有上述3个因素重要。就光合作用布朗指出,1/4的晴天光照已足够了。几蒂玛-高玲蒂克则认为,香蕉叶片的光饱和点约为1/2日照量。西蒙兹也曾提到,在热带50%的遮荫量对香蕉的生长和产量无影响。光照不足,会延迟生育期,降低产量和质量。由于香蕉叶片生长越来越大,在不撕裂时上部叶很容易遮盖下部叶,使下部叶光照不足。斯托弗(1984)认为,商业性蕉园透到地面的光合有效辐射为14%~18%。当透光量为10%以下时,一些植株就会生长阻滞,产生无价值的果实。但光照太强,有时会引起叶片或果实灼伤,适当遮荫有利于香蕉的生长。在我国亚热带气候条件下,光照不仅要满足叶片的光合作用,在冷季,日光照在植株及土壤上对提高其温度起着不可忽视的作用。故在冬季温度较低、冷季较长的蕉区,种植密度必须考虑光对温度的影响;而在太阳辐射较强烈的高温地区和季节,合理密植可减少植株和土壤受暴晒,对降低地温、减少根系灼伤和土壤蒸发有很大的好处。另外,光照对假茎高度影响也较大,密植光照不足会使植株增高,相反,光照充足会使植株矮化,在光辐射强烈的海南蕉区或蕉园边行,植株均较矮。

(五) 气 候

在亚热带地区,由于气温、雨量及光照等气候条件不同,造成香蕉生长发育也有明显的季节性。依照季节和抽蕾、收获时间的不同,果实的产量和质量不同,大致分为雪蕉(旧花蕉)、新花蕉、正造蕉。其中各个时期还有些细微差异。珠江三角洲蕉区,在不同季节不同生长期限收获的果实,依其外形或栽培特点分别有专门的称呼。

1. 青皮仔

10月上旬至下旬(有时11月上旬)断蕾,翌年2月中旬至3月下旬(有时4月上旬)采收。果期120～150天。气温较低,气候干燥,果实生长缓慢,果皮青色,蕉指较短,味香甜。是重要的春夏蕉。

2. 鼓　钉

11月上旬至12月下旬断蕾,翌年3月下旬至4月下旬采收,果期135～150天。由于开花期遇冷,果瘦而直,墨绿色。

3. 黑油身

也称龙船头。1月份断蕾,4月下旬至5月上旬采收,果期130～140天。由于抽蕾时温度低,果轴抽生节间变短,果穗不能正常下弯而指天,果实瘦小而直,皮厚色青,产量低,质量差,有时难催熟。

4. 白油身

1月下旬至2月中下旬断蕾,4月下旬至5月下旬采收,果期120～130天。抽蕾时温度较低,果短直,被油光,成熟时果皮淡绿色,果肉白,味淡,难催熟,产量低,质量差。现蕾前后遇低温干旱则可能形成指天蕉。

5. 尖　嘴

3月上旬至4月上旬断蕾,5月下旬到6月下旬采收,果期约100天。由于春暖潮湿,新根发生多,果实长大,果端尖细,梳形好,产量高,质量好。

6. 崛　蕉

也称大领。4月中旬至下旬断蕾,6月下旬采收,果期约90天。开花时气候暖湿,果大而重,果端大而钝,蕉门阔,产量也高,质量一般。在尖嘴和崛蕉之间可见“上尖下崛”,即果穗的上几梳为尖嘴，下几梳为崛蕉。

7. 长短指

5月断蕾，7月上旬采收，果期约80天。由于花芽分化期间受低温影响，梳数果数少，果指长短不一，但由于抽蕾时气候好，果指生长快，果实钝长饱满。品质差，产量较低。

8. 孖　蕉

6月上旬断蕾，7月下旬采收，果期约75天。梳数较多，果较密，头梳多孖蕉。

9. 吊　铊

6月中旬断蕾，8月中下旬采收，果期约70天。果轴特长，梳数较少，开花时果较短，但后期果较长。

10. 正造蕉

也称大旺蕉。6月中旬至9月下旬断蕾，9月初至11月底采收，果期70～80天。生长期气温高，雨水充足，梳数果数多，产量高，常因果数较多而蕉指偏短，品质中等，有时易出现黄熟蕉。

11. 黄蕉仔

9月下旬至10月上旬断蕾，12月上旬至翌年2月上旬采收，果期100～120天。由于气温较低，雨水少，果短而肥，色黄绿，水分少，味香甜，耐贮运。

以上蕉果的差异是典型亚热带气候对香蕉开花结果的影响所造成的。在冬季较温暖的地区如粤西地区，有些种类如长短指等并没有发现。另外，香蕉生长的季节，也因气候变化(如低温出现的迟早与长短)而出现变化。在没有严重冷害的年份，尖嘴蕉的产量、梳形果形、果指长度优于正造蕉。在冷害严重的年份，从尖嘴至长短指，由于植株的青叶数少，产量较低，甚至会失收；但青皮仔果实的耐寒性比鼓钉、白油身要好些，收成的机会较多。在冬暖有雨或可灌溉的情况下,鼓钉、白油身也有较好的收成,但多数情况下是低产劣质的。

在广东潮汕地区,称黑油身为乌牙,称尖嘴蕉为白牙,称崛蕉为钝头,称长短指为夏蕉,称孖蕉为塔蕉头,称正造蕉为塔蕉,称黄蕉仔为大冬蕉尾,称鼓钉为网坠。

第四章 香蕉的育苗、建园与种植技术

一、香蕉的育苗技术

香蕉的种苗包括传统的吸芽苗和生物技术培育的试管苗2类,大面积商业性栽培越来越多采用试管苗。

(一)吸芽苗的类型及培育

香蕉吸芽苗有褛衣芽、红笋芽、隔山飞、大叶芽。有时将较小的吸芽称蕉米,较大的吸芽称蕉童。

1. 褛衣芽

褛衣芽是秋季至入冬前抽生的吸芽,披鳞剑叶。由于冬季低温干旱时部分鳞叶枯死如褛衣,故称褛衣芽。其生长期较长,生长期间地温高于气温,吸芽的地下部生长较多,头大,根多,养分贮存多,宜早春植,定植后成活率较高,生长快,较稳产,是最好的吸芽种苗。蕉童定植后5个月可抽蕾。但由于褛衣芽生长于蚜虫大发生季节,要特别注意蚜虫的防治,才能免感束顶病。

2. 红笋芽

红笋芽是春暖后抽生的吸芽，叶鞘红色。由于抽生时气温高于地温，大气湿度大，地上部生长快，幼嫩如笋，故名红笋。其头部较小，根较小，养分积累较少，定植后成活率较低，需肥也较多，但易获高产。经过假植后定植成活率可提高，是夏植的吸芽苗。

3. 隔山飞

隔山飞是刚收获不久的旧蕉头抽生的吸芽。头较小，生长势弱，但取苗时可与部分旧蕉球茎一起挖出，成活率较高，结果较早，可做春夏秋植种苗。

4. 大叶芽

大叶芽也称水芽、旧头芽，是收获较久的旧蕉头抽生的吸芽。球茎较小，干幼，一抽生便长小圆叶，产量低，不宜作种苗。

确定要用吸芽为种苗时，要加强对蕉园的杀虫防病工作，选择性状优良的母株适时定笋，加强肥水管理。如春植蕉童，应用上一年8～9月份母株抽生的吸芽，一般褛衣芽可用10～11月份抽生的吸芽。红笋最好在抽生后1～1.5个月挖离母株后在空地遮荫保湿假植起来，假植基质可用米糠、谷壳等疏松透气保湿的材料，经20～40天长根后即可定植于大田。褛衣芽也可用上述基质在冬季于薄膜大棚内假植，春暖后定植成活率更高，尤其是春季雨水过多时更为明显。

但应注意，从未收获的植株挖取吸芽对母株影响严重。尤其是高温干旱及台风季节，应在母株收获后才挖取吸芽，挖土范围大，可保留较多根系及连带部分母株残茎。

（二）香蕉试管苗的假植育苗技术

香蕉试管苗又称组织培养苗（组培苗），是采取现代生物技术快速工厂化育苗方法繁殖出的香蕉苗，具有繁殖速度快、便于运输、无病虫害、生长迅速整齐、有利于良种的大面积推广等优点，越来越多地被各地蕉农接受。现全国各地生产的香蕉试管苗近1亿株，对香蕉业的发展起了重大作用。

香蕉试管苗的工厂化培育方法，目前主要是从无病园取优良品种的优良单株的吸芽，削去茎叶，取其生长点一小块，经药物消毒后再削成约1平方厘米，包括含有部分球茎和部分叶鞘的茎尖生长点，再切成4小块接种于MS改良培养基上，让其在无菌的条件下长出不定芽。不定芽在含有植物生长调节剂和营养的MS改良培养基上，在适合的温度、光照及无菌等条件下，不断分化增殖，达到预定的数量后，再将其接种于生根培养基上长根长叶，即成为一级组培苗。具体的培养方法，可参照许林兵等编写的《香蕉生产技术》一书。这里仅谈试管苗的假植(二级育苗)技术。

1. 假植大棚的规范化要求

假植育苗大棚必须建于离蕉园、菜园50米以外、疏水避风的地方，规格一般为跨度6米，棚顶至地面高度约2.5米，长度视场地而定，30～50米均可。门口设立缓冲间，棚架罩以36～40目防虫网，再罩以薄膜，最好用6～7米宽、0.1毫米厚的大棚薄膜覆盖棚顶，再用0.08毫米厚的裙膜盖棚基部(便于高温期打开裙膜通气降温)，最后再罩以50%～60%遮光率的遮光网。假植前先晒土，平整场地，清除杂草，有条件的可在场地铺上5～15厘米厚的河沙，然后用50%敌敌畏500～800倍液喷洒大棚内外，并封闭大棚两小时以下。

2. 香蕉试管苗(一级苗)的质量规格

优质的生根苗，至少有2条以上的白色根、2片绿色的平展叶，浅绿色假茎粗(直径)0.3厘米，培养基至叶柄交叉点约

2.5厘米。这样的生根苗假植后成活率高，生长快。如根系黑色、叶子黄色卷曲、假茎白色纤细的生根苗，则成活率低，恢复生长迟。另外，繁殖的代数不应过多，一般应在10代以下，变异率控制在5%以下。

3. 香蕉试管苗的假植

香蕉试管苗假植前应将培养基用清水冲洗干净，洗后的香蕉试管苗最好立即假植。如异地植苗不能马上假植时，在较低温度（10～25℃）时用薄膜包装保湿贮运两三天，对成活率影响也不大。有时为防止病菌侵染，用0.1%的高锰酸钾或代森锌溶液浸泡一下再假植。假植的基质要求疏松透气、保湿、无致病病菌。基质的选定因地制宜，因假植方法而定。

（1）一次性假植法　香蕉试管苗冲洗后直接分级种入营养袋。营养袋土一般要分层来装，上层为1～1.5厘米的干净河沙，下层为肥沃的基质土。基质土要求既要疏松透气，也要有一定的粘性，以保证定植时打开薄膜袋后土团不散开。一般肥沃的塘泥、泥炭土或砂壤园土均可。装袋前晒干、破碎，有条件的可加入些椰糠、菇渣等，不够肥沃的可加入1%～2%的腐熟花生麸（饼）或人、畜、禽粪等。苗种于沙层中，沙层不够厚的可先用手指将沙压下，在指坑里放入小苗，将附近的沙抓填即可。新根生后入泥层吸收营养。营养土含沙多、疏松透气有利于苗的生长，但运输后定植时容易散土，影响成活率，或恢复生长慢。沙层太厚，苗的固定性差，装运时容易倒斜甚至脱离营养袋。

（2）二次性假植法　一级苗高矮不一、质量较差或用于长途运输的，最好先假植成床苗，待床苗再长出2～4片叶后再分级假植于营养袋中。床苗基质以蛭石最好，珍珠岩、椰糠或河沙也可以。这些基质极疏松透气，苗很易生根成活。床苗假植时可以密些，株行距2厘米×3厘米即可。由于床苗抗性较好，对营养袋土的透气性要求稍低，肥沃的塘泥、泥炭土混上砂壤园土即可，表面可不加沙层，或加薄沙层防止板结。这样长成后的二级苗生势更一致，袋土不易散开，植后成活率高。产地较远又缺乏假植育苗经验的农户，可以购床苗自己假植。对用一次性假植法选剩的小苗，也可先假植成床苗，以后再上袋。如用蛭石为基质的床苗，因床苗粘附很多基质，断根极少，在天气适宜、管理精细时可直接种于大田。

珠江三角洲目前普遍用塑料杯来育苗，杯的大小依育苗的规格而定，育10～12叶龄的最好用杯口直径12～14厘米的杯；育6～8叶龄的一般杯高8厘米，杯口直径8～9厘米，杯底开1～3个孔，每个杯约0.06～0.08元。基质采用优质塘泥加适量菇渣或谷壳、河沙等，有的表面加一层0.5～1厘米的干净河沙。多数用床苗来假植，育成的苗整齐、粗壮，根在杯中缠绕，定植时用手指钩住杯底小孔，将杯倒置，苗容易脱杯，不伤根，不散土，成活率极高，恢复生长快。但杯苗的包装运输稍困难，尤其是大杯苗仅适合当地育苗，要培育叶龄多(8叶以上)的杯苗，最好每2行间隔1～2行空位，使苗不易徒长。

4. 假植苗的管理

(1)温度　香蕉试管假植苗最适气温为28～35℃。温度低，生长缓慢，低于8℃时，对试管苗假植成活率有影响；高温会使蕉苗徒长，叶片变长变薄甚至变黄，不利于定植后的生长。薄膜覆盖增湿防风，可提高苗对低温高温的耐力。例如，1992年1月，在厚0.02毫米薄膜覆盖的情况下，最低气温2℃对成活的假植苗仍不致伤害，对刚上袋的床苗有冷害现象(枯叶)，但不致死；而无薄膜覆盖密封的，12℃时的北风会造成幼嫩新叶边缘枯萎。看来风或低湿对假植苗的低温高温的抗性有较大的影响。在冬季温度较低的地方，大棚内可用竹片或铁丝搭小拱架，加盖0.02毫米厚的漫反射薄膜。温度过高要加遮光网，白天可将大棚裙膜适当卷起通气降温。苗长大后出圃前，晴天也应打开裙膜炼苗，提高苗的抗性。

(2)水分　试管苗假植前，可适当淋湿营养土，便于种植，假植后再淋适量定根水，但不能太湿，否则蕉苗缺氧烂头，尤其是粘重的营养土。试管苗假植后棚内空气相对湿度保持95%以上至蕉苗开根长叶，长叶前晴天最好每天薄洒水1～2次，成长后可1～2天洒水1次，雨水阴天低温期可几天1次，依营养土的干燥程度而定。床苗上袋后几天，也应保持高湿，防止叶片枯萎。大棚育苗最好一次性植满，才易于保证棚内高湿。要使苗快长，应在防叶斑病的情况下保持棚内高湿，但出圃前10～20天低湿可使苗身硬，叶片厚绿，定植后成活率高。

(3)施肥　营养土不够肥沃的，苗成活后可交替淋0.1%～0.3%的复合肥水，0.2%～0.5%的尿素液，0.05%～0.1%的磷酸二氢钾液，还可喷绿旺系列叶面肥、叶面宝、802等，7～10天1次，以加快生长。假植苗施肥以少量多次为宜，施肥浓度高易肥伤烂根。

(4)光照　香蕉试管苗假植初期，晴天光照强会使叶片失水枯死，也容易使营养土表层尤其是沙层蒸发失水，影响根的生长，故要遮荫。冬春可遮光50%～60%，夏秋要遮光70%～80%，但出圃前7～10天，可适当减少遮光以炼苗。另外，冬春低温阴雨时期也可揭去棚顶遮光网以提高光照强度，否则光照不足，蕉苗生长缓慢，叶片窄长、嫩弱。

(5)病虫害防治　育苗大棚内温暖不透风，容易滋生蚜虫，假植苗成活后可撒施适量的呋喃丹，定期检查并喷40%氧化乐果1 000倍液或抗蚜清800倍液等，尤其是没有防虫网及防虫设施不周的。大棚内高温多湿易发生叶瘟病，可定期喷50%多菌灵1 000倍液等预防，发病时可喷40%灭病威悬浮剂1 000～1 500倍液或70%甲基托布津可湿性粉剂800～1 000倍液。还有一种由立枯丝核菌引起的叶腐病，可喷50%苯来特1 500倍液、25%多菌灵400倍液等防治。夏秋季假植易得茎腐病，苗在地面处的假茎褐腐后倒折，较难防治，必须注意采用无茎腐病菌的新鲜营养土，并降低气温。假植苗对敌力脱、蕉斑脱、蕉丰宝、瑞毒霉等杀菌剂很敏感，一般不要使用。

（6）剔除变异株　假植初期，一些叶片白条斑、花叶、畸形叶等变异较易认出，可及时拔除。还有矮化变异和嵌纹叶变异，长成的植株果实无经济价值，须在假植过程中细心观察剔除。矮化变异的小苗假茎粗壮矮化，叶片短阔厚绿，叶柄也较短阔开张，叶片基部钝平。嵌纹叶变异苗的叶片基部较锐尖，叶片较窄长或与正常叶一样，叶面出现黑色嵌纹或蜡质透明或半透明嵌斑。一般假植后7～9叶龄才表现，严重的3～4叶龄就显症。

5. 试管假植袋苗的出圃规格

香蕉试管假植袋苗（二级苗）出圃时的规格依不同季节、不同蕉区、不同栽培要求而异，一般要求5～7叶龄，干高5～10厘米。花叶心腐病严重的蕉区，春植最好用6～8叶龄、干高15厘米的壮苗，夏秋植用9～10叶龄、干高20厘米以上的老壮苗。土质较好、管理精细的新蕉区（如粤东蕉区），春植假植苗用4～5叶龄、干高4～5厘米的也可以。有些蕉农要求当年种当年收，需用大育苗袋疏植育苗，叶龄可达12～15片叶，干高30厘米。出圃苗应不徒长，叶片青绿，袋土紧实不散，无病虫害及变异株。所以，春植苗一般要假植3～5个月，夏秋植苗要3个月，个别地方温度、管理条件较好的，可提早出圃。假植苗合格后如无法销出，可以用控制肥水、疏株断根的办法抑制生长，育苗期近1年、干高在40厘米以下的老苗，定植后对产量影响不大，而在成活率、抗性方面更好。

二、园址的选择及整地

蕉园选择要考虑土壤、排灌、避风性及避寒性等几个方面。土壤要求土层深厚，结构疏松，肥沃，不含有毒物质。排灌要求地下水位较低，涝可排，旱可灌。避风要求该地区常见台风方向有自然屏障或防风林。避寒要求蕉园背北向南，既可避开平流冷害，也可防止冷空气沉积。但通常优先考虑土壤因素和排灌因素，其他因素作为辅助因素。

目前，我国几类蕉园的选择及整地方式如下。

（一）水田蕉园

通常为冲积土，水位较高，土壤较肥沃，土质偏粘，土壤易渍水，蕉园也易受涝害，雨季生长较差，旱季生长较好。要选择地下水位较低，疏松、肥沃，土层深厚的水田土壤来种蕉。整地宜用高畦、深沟、两行植的方式。畦面2～2.2米，畦沟面宽0.8～1米，深0.8～1米。畦面行间可酌情再挖一浅小沟。畦长约100米，设有田间交通路和总排水沟。这样就有利于雨季排水，旱季也便于灌水。

（二）旱田蕉园

这类蕉园相当于坡地水田，地下水位低，排灌方便，但多数土层较薄，土壤较瘦，下雨时间长也可导致渍水烂根。宜选择土层较深厚、肥沃的土地种植香蕉。整地时要深耕土壤后起浅畦，通常1畦1行植，沟深0.2～0.3米，畦太长要短截成80～100米，设有二级排灌沟，有利于雨天排水。

（三）旱地蕉园

这类蕉园包括不能自流灌溉的坡地和山地蕉园。其渗漏冲蚀性强，多为红壤土，有机质含量较低，偏酸性。由于抽水灌溉费用大，有的仅靠下雨得水。整地时要注意保水保肥保土，深翻土层，并挖深沟0.6～1米，施农家肥、石灰等基肥，坡地砂壤土可暂不起畦，轻粘壤土可起单行植浅畦。山地蕉园可使种植穴行（畦面）低陷，即沟植，有利于水土保持。

各种蕉园整地与种植方式见图4-1。

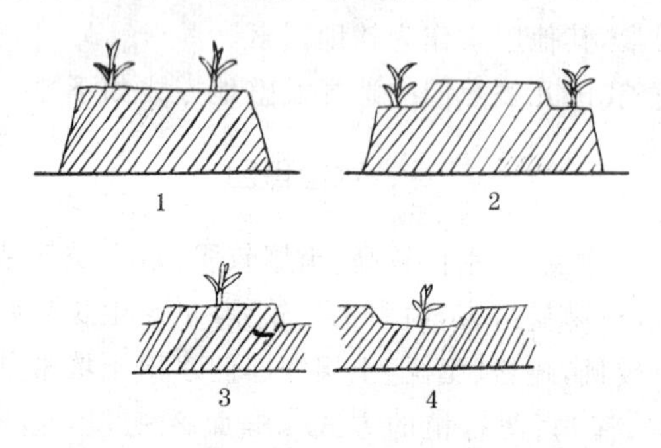

图4-1 整地与种植方式

1. 水田蕉园吸芽苗种植　2. 水田蕉园试管苗种植

3. 旱田、坡地整地与种植　4. 山地蕉园整地与种植

所有蕉园种植前整地时应深翻土壤，晒白，有利于土壤疏松及养分的释放（表4-1）。

表 4-1 以色列深翻地对提高香蕉产量的影响

处 理	对 照	深翻处理	
		Ⅰ	Ⅱ
中耕深度(厘米)	35	45～50	60～65
第一造果(吨/公顷)	8.0	9.2	11.9
第二造果(吨/公顷)	21.9	30.6	38.2

三、香蕉的种植

(一)种植时期

由于香蕉种植后在正常条件下一定的天数可抽蕾、收获，故应参照不同的收获期来确定种植期。通常分春植、夏植和秋植，多数地区春植收雪蕉，夏植收新花蕉，秋植收正造蕉。但影响香蕉生育期的因素很多，收获期依不同地区具体栽培条件而异。目前推广春夏蕉栽培，多用春夏植，有利于土地的安排和整地，可提高成活率，减少花叶心腐病及控制生育期等。一般于清明前后定植，吸芽耐寒性较好的，春植可略早，2～3 月份天气好时可挖苗定植。如果认定春暖而不再有冷空气时，春植宜抓早，这样有利于增加生长时间，提高成活率，提高产量。尤其是用高密度种植收获春夏蕉时，更要抓早种植(表 4-2)。具体的种植期，必须参照当地的气候、土壤状况、种植密度及肥水管理条件而定。

最近，广东省东莞市蕉菜研究所利用组培苗冬种(11 月左右)后用薄膜搭拱棚覆盖，可使香蕉在翌年冷害前采收，效果很好。还有珠江三角洲一些蕉农，为了在冷前采收，也在

11～12 月份冬种，再用香蕉袋套苗防寒，效果也不错。

表 4-2 广东香蕉 1 号高密度不同植期春夏蕉的产量

植 期	种植密度(株/公顷)	株产(千克)	产量(吨/公顷)
3 月 30 日	3030(孖株植)	13.45	40.75
4 月 15 日	3030(孖株植)	11.74	35.57
4 月 30 日	3030(孖株植)	9.72	29.45

(李丰年等 1994)

(二)种植方式

香蕉种植整地方式按每畦计划种植的行数分单行植、双行植和 3 行植，通常行数越少，土壤的排水性越好。植穴排列分正方形、长方形及三角形种植，通常采用长方形种植，有利于通风。但有报道，采用三角形种植对利用阳光及土地较好，种植密度较大。每穴种植(或留芽)的株数分单株植、双株植和 3 株植等。通常采用单株植，但双株植和 3 株植对提高种植密度而增加产量有好处，尤其是新植蕉园(图 4-2)。

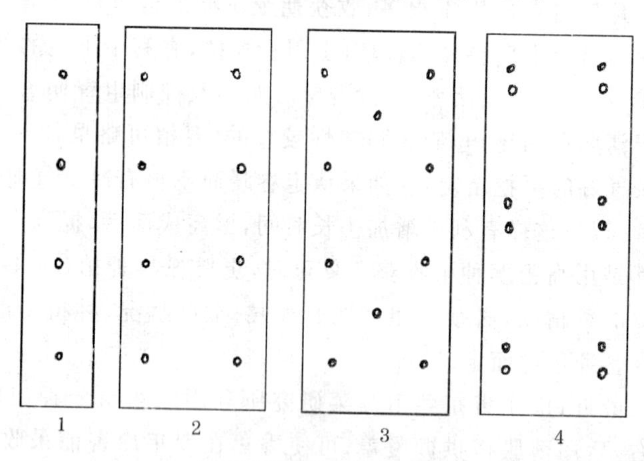

图 4-2 香蕉的种植方式

1. 单行植 2. 双行植 3. 三行植 4. 双行孖株丛植

土质较粘的水田蕉园双行植时，考虑到水沟不便于田间操作，定植或留芽时可稍靠沟边，即离沟边50～60厘米，沟行距稍小于畦内行距，这样植株通常往畦内倾斜，抽出的花蕾就会往畦内方向下弯。也可用株距疏密相间的方式定植，花蕾常往较疏的株间下弯，有利于立桩防风及护果的各项操作。

种植行的走向，在亚热带蕉区，一般为东西走向，有利于冬季阳光对植株的照射及南风天气时的喷药。

（三）种植密度

香蕉种植密度依品种高度、地区温光状况、土壤状况、收获期、种植方式等不同而异。一般植株矮，太阳辐射量大，冬季温度较高，采用丛植等可密植些；土壤肥沃，想提早收获，2年3造的，水田蕉园等宜疏植些。

印度查罗帕希艾(Challopadhyay 1980)用中把蕉进行密度试验，每公顷种植2 500株、1 600株和1 125株，结果低密度可减少种植至抽蕾的天数和果实成熟的时间，株产也随密度减低而增加，梳数和果数也有同样的趋势，但单位面积产量却显著减少(表4-3)。孟达(1980)用茹巴斯打香蕉试验，也有同样的反应。

表4-3　中把蕉不同密度对生育期、产量的影响

种植密度（株/公顷）	种植至抽蕾天数		抽蕾至收获天数		产量（千克/公顷）	
	新植	宿根	新植	宿根	新植	宿根
2500(2米×2米)	418	540	111	117	2600	2700
1600(2.5米×2.5米)	411	526	104	110	17760	19000
1125(3米×3米)	407	516	100	105	13725	14962

（查罗帕希艾等　1980）

罗宾逊等(1986)在南非用威廉斯品种,每公顷种植1 000,1 250,1 666,2 222株。结果第一造生长期为15～19.9个月,第二造与第一造收获间隔分别为9.7,10.5,12.1和14.6个月。第二造高密度推迟的原因是植株叶数增加(38.3～44.8片/株)及抽叶速度慢(27.5～22.9片/年)。连续观察7年(5造),结果每公顷2 222株的产量最高(66.2吨),但认为每公顷1 666株是最经济的密度,其产量为62.6吨。

以色列里等(1988)利用试管苗单造高密度种植两个试验点,苗高40～50厘米,株行距为3米×2.8米,每穴分别2,3,4株丛植,密度分别为每公顷2 381,3 571,4 091株。精细管理,每月除去所有吸芽,收获率分别为98%,79%和71%。较密的生育期较长(11～13个月),原因是高密度处理温度低,叶片生长迟4片叶,抽蕾较迟。果实发育期也随密度增高而延长(120～160天),株产由35～36千克减至27.5千克,平均单果重也降低,但总产量由每公顷80～82吨增至112吨。

李丰年等(1994)报道,在广东廉江用广东香蕉1号的密度试验,证实随密度增高,每公顷产量也增加,且在同样3030株/公顷的高密度下,双株植比单株植春夏蕉的产量增加6.22吨/公顷(21.7%),说明不同种植方式对密度的效应不同(表4-4)。

表4-4 广东香蕉1号春夏蕉不同种植密度的效应

株行距(米)	密度(株/公顷)	株产(千克)	公顷产量(吨)	果指长(厘米)
2.33×2.13	2010	12.27	24.66	18.9
2.33×1.80	2370	12.58	29.81	18.6
2.33×(2.13+0.67)/2	3030	11.51	34.88	18.1
2.33×1.4	3030	9.46	28.66	17.7

(李丰年等 1994)

印度塔米尔那都农业大学用茹巴斯打香牙蕉双株植和单株植，在生育期、产量和效益方面进行比较试验。种植株行距为2.4米×1.8米，施肥量以株计，其他管理相同。结果生育期：种植至全部采收，单株植为415.5天，双株植为441.8天。产量：单株植株产为21.42千克，每公顷产量为50吨；双株植株产为18.98千克，每公顷产量为87吨。双株植比单株植增收效益80.4%。

种植密度主要考虑对土地、阳光的利用率以及香蕉对密度的反应。根据国内外密度试验和香蕉种植实践，香蕉密度增加，会增加光线拦截，降低植株和土壤的温度，增加叶片数和减慢叶片的抽生速度，营养生长期和果实生长期延长，单株产减少，果实质量下降，尤其是宿根蕉和冷季温度较低及时间较长的蕉园反应更明显。对于新植蕉，由于株型较小，合理密植对上述性状的影响似乎不大。但密植蕉园单位面积产量却有很大的提高，效益极显著。丛植比单株植更适于密植，但留芽较困难。

密植遮荫降温及推迟生育期并非都是缺点，在高温季节，植株叶片的遮荫作用常相当于防太阳暴晒的土壤覆盖，可降低地面温度，减少干旱季节土壤水分的蒸发，有利于香蕉根系的生长，对防旱、防涝、防高温有好处。密植延迟生育期的效应，也可用于1年1造春夏蕉、宿根蕉生育期的推迟，使宿根蕉、春夏蕉的收获率增高。

由于我国各地区的自然条件不同，选种的香蕉品种各异，因此种植的密度要根据本地的实际情况确定。通常海南省和粤西多数旱田旱地蕉园，中把品种的种植密度为2400～2700株/公顷；珠江三角洲水田蕉园，中把品种多数为1650～1950株/公顷；而广州市北郊的从化市以及梅州市等冬季较冷地区的水田蕉园，中把蕉春植当年收的密度不高于1500株/公顷。其他地区的蕉园可参照上述3种密度。高把品种和中矮把品种香蕉，分别可比上述密度增减10%～15%的株数。

（四）注意事项

1. 种植行向

以东西向为好。吸芽种植时球茎伤口与行的走向一致，有利于留芽，且较大的芽眼植前应挖去，以防太早长芽。长势一致的试管苗，定植时最后一片叶指向一致，以后抽生的叶片的生长方向基本一致。

2. 施　肥

施基肥宜深施、早施，农家肥料要腐烂，防止伤根。植穴易积水的土壤，种植时不要放太多基肥，尤其是速效肥，以防植后雨水过多，高浓度的游离养分浸苗的地下部造成死苗。

3. 种植深度要适中

较砂质疏松的土壤宜深些，吸芽苗宜深些，旱季宜深些。试管苗宜先浅种，成长后再培土。

4. 保持湿度

种植时叶片较大的，可适当减少部分叶片，以减少蒸腾。高温季节种植最好进行植穴覆盖和植株遮荫，试管苗种植撕袋时不要弄松袋土。

第五章　香蕉的植株管理技术

一、吸芽的管理技术

（一）留　芽

香蕉为无性繁殖，吸芽长成挂果母株，继续另一个世代，宿根栽培就需要留芽。留芽的好坏关系到下一代生长发育的好坏，也影响当代母株的生长发育，故留芽是宿根栽培的关键技术。

目前我国香蕉的留芽，要优先考虑母株和吸芽株的采收期，其次兼顾吸芽的位置和生长特性等。最具效益的采收期包括产量高、质量好、价格高、能避开不良天气如低温、台风等，通常避免在11月下旬至翌年2月中旬断蕾以及在5月上中旬抽蕾，多数蕉园以收获青皮仔、尖嘴蕉和正造蕉调节香蕉的收获期。除留芽外，必须考虑其他因素对生育期的影响。

从芽的特性看，对母株牵制少、自身生长也较好、产量高的以二路芽为好，故通常留二路芽。有时为防止露头或加快吸芽的生长，也留头路芽。有时为推迟子代的采收期，留四、五路芽或更后的芽。一般迟抽生的芽易露头，蕉园寿命短。同时留芽也须考虑吸芽生长合适的株行距。畦边、沟边或太近母株、果穗下方的吸芽最好不留。在国外多数长久性蕉园，留芽主要考虑蕉园的株行距和寿命，有的蕉园发现母株收获期太早，价钱不好时，就将母株砍去，让吸芽快点生长，在合适的季节收获。

在正常气候和栽培条件下，多数亚热带蕉园未抽蕾植株抽生的吸芽，从出土到抽蕾，一般是1周年。试管苗种植的植株抽生的吸芽长势较弱，则迟1个月。香蕉种植后3～4个月即开始抽生吸芽，吸芽抽生后长至30～50厘米即可确定留芽，需1～2个月时间的观察，故香蕉从出土到收获需15～17个月的时间。新植蕉苗期不受母株抑制，生育期略短。

在亚热带条件下，如留二路芽，通常每年每穴收获1.2造。目前香蕉种植多为春植，当造收春夏蕉。留芽有两种倾向：一是第二、三造仍为春夏蕉（1年1造法），二是第二造为正造蕉，第三造为春夏蕉（2年3造法）。其他就介于上述两种之间。用试管苗种植，一般收获不超过3造，多数情况下收获2造，少数甚至年年新种。

1. 1年1造留芽法

对于冬季温度较高，而台风较多的地区，用试管苗春植（或早夏植）常用此法。第一造为春夏蕉，第二造通常是正造蕉，如想第二造仍为春夏蕉，从留芽期就要留晚秋后出土的芽。这些芽为抽蕾后抽生的芽，露头，长势弱，如一定要留这些芽，若芽浅生时，高州蕉农的方法是在刚出土时将芽下方的土壤扒开，深约20厘米，让芽适当下沉生长，以后再培土。另外，留芽时间可适当提早，即留晚秋抽生的二、三路芽，采用刮、踩芽的方法，抑制吸芽的生长，配合母株采收后松土断根，早期少施氮肥推迟其生长。在台湾，留芽生产春夏蕉的方法是采用“过桥”的形式，先留抽蕾前抽生的吸芽（9～10月份，二、三路芽），翌年4月上旬苗高1～2米时，切除其生长点，长出的头路芽为挂果母株，这样就符合收春夏蕉的要求，也防止露头，一举两得，是值得仿效的好方法。另外，种植密度偏大，土壤瘦瘠，初期肥水控制，吸芽之间的竞争等因素，使吸芽抽生和生长较慢，都是延迟宿根蕉生育期可利用的因素。

一些冬季温度较低，土壤、肥水条件又较差的地区，生产春夏蕉效益不高，要想高产，就得收获正造蕉。1年1造正造蕉的留芽，是选留5月中下旬出土的吸芽，于6月初留定芽作为翌年的结果母株，俗称“芒种留芽一膝高”。

采用1年1造的留芽方法，由于母株采收后的吸芽较小，光能利用率较低，单位面积年产量较低，但可控制采收期，可通过合理密植来提高产量。

2. 2年3造留芽法

在土壤肥沃疏松、肥水管理较好的条件下，采用中矮把品种或中把品种，大吸芽较疏种植，新植蕉为早雪蕉(3月底收完)，无灾害性天气，可用2年3造栽培制度。用较粗壮的褛衣芽早春植，密度偏低，留6月初出土的头路芽，加强肥水管理，母株于9月底前抽蕾，翌年1～3月份采收。吸芽在母株采收后春暖时花芽分化，6月份抽蕾，于国庆节前收第二造。早春抽生的头路芽则可留作第三造的结果母株。第三造可能于1～4月份抽蕾，最好控制在2月底至3月初抽尖嘴蕉(表5-1)。这种方法通常用头路芽，蕉园寿命较长，植株不易露头，母株收获时吸芽已近成株，对光的利用率高，单位面积年产量高。但时间掌握较困难，宿根蕉收获难一致，要求土壤、气候、栽培管理等方面配合好。

表5-1 香蕉2年3造留芽法的物候期

种植或留芽	抽蕾期	收获期
第一年2～3月份种植	8月底至9月底	第一年12月至第二年3月份
(子$_1$)第一年6月份	第二年6月份	第二年8～9月份
(子$_2$)第二年3～4月份	第三年2～3月份	第三年5～6月份

（二）除　芽

每株香蕉的吸芽有几个甚至十几个。吸芽的抽生与生长，是消耗母株养分的。在选定合适的吸芽作为继代株后，其他多余的吸芽必须除去，尤其是在高温季节。

香蕉的除芽，旨在断绝多余吸芽的继续生长，以免影响母株及留定的吸芽，尤其是根。故除芽也需掌握一定的技巧和时间。通常在吸芽出土后 15～30 厘米高时除芽为宜，太小时容易伤及母株，除芽也难准确，太大时消耗养分太多。除芽以铲去吸芽生长点及上部分小球茎为度。吸芽苗植株或宿根蕉产生的吸芽，可用传统使用的较宽的蕉锹除芽。试管苗植株的芽，则需用较锋利的蕉锹或镰刀。吸芽生长太深时，可先踩折吸芽，让吸芽的生长点上浮再除芽。另外，晚秋后抽生的吸芽，由于气温低，湿度小，地上部生长较慢，消耗养分不多，而地下部较活跃，可吸收肥水及制造激素供养母株，故通常少除。吸芽生长较旺盛的夏秋季，每 15～20 天需除芽 1 次。

二、花果的管理技术

香蕉抽蕾后的管理极为重要，因为抽蕾后植株已不再长叶片，根系的抽生也基本上停止。故对叶片和根系的保护很重要，这在肥水管理和病虫害防治方面均有论述。这里仅讲对花穗的管理及保护。

（一）校　蕾

香蕉花蕾抽出后，有些叶片会妨碍其下垂，尤其是密植蕉园。因此要及时校蕾，把妨碍花蕾下垂的叶片拨开或搿掉。

开花后，有些叶片的叶柄或防风桩也会妨碍果实的正常上弯，必须及时纠正。

（二）断蕾和疏果

雌花花苞开后，接着就是雄花，有时间有1～2梳中性花。一般雄花开1～2梳后就要断去花蕾，以减少养分的消耗。台湾学者认为，断蕾须视果穗的下弯与果实的上弯情况而定，果实上弯好的宜早些断蕾，上弯差的宜迟些断蕾。蕾的存在有利于果实尤其是第一、二梳果的上弯。断蕾宜于晴天进行，以免果轴断口腐烂。最好是晴天下午断蕾，此时断蕾蕉乳流量会少些。

果穗的果数太多对蕉指的增长增粗不利，也会影响果穗上下大小的匀称。果穗的梳数和果数依品种和植株的长势而定。通常雪蕉6～8梳，130～140果；正造蕉8～10梳，150～180果已足够。果数太多时应疏去末尾1～3梳，有些头梳果数较少而梳形不好的也可疏去。疏果通常与断蕾一起操作，疏果后的末梳最好留1只果生长，以防果轴往上腐烂。据喀麦隆学者介绍，近来一些国家香蕉以整梳销售，对每梳的果数也有严格的规定。这就要求果数太多的果梳，要疏去不合规定的果，通常以开花后未上弯时留定每梳果数，多余的果疏去。

（三）果穗的喷药与套袋

香蕉嫩果易受病虫侵害。病害主要是黑星病、炭疽病等，虫害主要是花蓟马等。花蓟马在抽蕾后未开苞时已进入花蕾为害嫩果，故现蕾后就应喷药防治。防病通常在套袋前喷药。有时为增加果指长度，在断蕾时对果穗喷植物生长调节剂及营养剂，生长调节剂主要有2,4-D，赤霉素等，营养剂主要有磷酸二氢钾、尿素、植宝素、植保18等，效果不错。但嫩果抗性差，浓度太高会造成药害，必须小心应用，尤其是2,4-D。

果实套袋对减少病害通过雨水传播，提高药物对病虫害的防治效果，减少果实的机械伤，改善果实的生长环境，促进果实的发育，提高果实的质量和产量有很大的作用。果实套袋可提高袋内温度，晴天增温效果明显，通常增温1～3℃，阴天、雨天增温效果较差，晚上基本不增温。在低温季节，由于套袋白天可增温，增加了果实的有效积温，收获期可提早10～20天，也可减少寒风对果实的直接吹打，降低冷害程度。据福建报道，双层薄膜比单层薄膜袋防冷增温效果更好，故果穗套袋已成为低温季节果实防寒的重要措施。在果实病害严重的旧蕉区，雨季套袋也是提高果实商品质量的重要措施。但在夏秋季，果实套袋后在阳光直射时温度可达43℃，容易造成高温灼伤果实。为避免此种情况发生，可用蕉叶、报纸等将果穗遮荫。我国目前普遍采用的香蕉袋多为0.02～0.03毫米的蓝色薄膜袋，一般长1.2米，宽(周)1.6米，两头通。高温季节蕉农用纤维蛇皮袋套果，效果也不错，不会灼伤果实。台湾试验用纸袋和双层蓝色塑料薄膜袋对防止果实两段着色有很好的效果。国外为防灼伤用白色不透明的袋或一面蓝色一面银灰色的薄膜袋，夏季用的袋还将袋打孔通气，有的还在袋内喷些防病虫害的农药。

三、采果后残茎的管理技术

香蕉采收后，矿质营养元素除部分随果实被带走外，还有许多留在残株中，多数可供吸芽利用。砍下来的植株残体，虽然腐烂后其所剩营养可通过吸芽根系吸收，但利用率不高，而且较慢。据印度研究报道，香蕉采收后70天内，吸芽从附连的假茎直接吸收的养分占吸收量的比例如下：氮14.5%，磷33.7%，钾13%，钙10.5%，镁41%。所以采收时一般在1～1.5米高处砍断植株，与吸芽相连的残茎可供给吸芽养分。当残茎腐烂下塌后，要挖去旧蕉头，填入新土，有利于吸芽根系的发育。一般采收后60～70天可挖旧蕉头。有些蕉园，为延迟吸芽的生长，采果时不砍假茎和叶片，旧蕉株腐烂慢，仍可生长1～2个月。这样吸芽后期得到的养分更多，产量会更高。

四、香蕉的防风技术

（一）香蕉的风害

香蕉叶大根浅，植株较高，假茎及叶柄汁多而脆，结果后果穗又重，极易受风害，轻者撕烂叶片，折叶伤根，重者折干倒伏。风害最严重的是开花期至果实四成肉度时，即将抽蕾的植株受风害后也常抽蕾不正常，产量低，有时还会发生抽不出蕾的现象。

我国华南沿海地区台风通常发生在夏秋季的6～10月份，4～5月份也偶有龙卷风发生。

台风是一种旋转风，正面袭击的台风通常先吹东南风，经过一个短暂的静止期，又吹西北风，东南风持续时间较长，西北风时间稍短，但威力大。如果台风移动速度快，风力大，植株往往折倒；如台风移动慢，风力由小缓慢转强，香蕉叶片先撕裂或折叶，较少倒伏。植株一般在干高50～100厘米处折倒。

（二）风害预防措施及害后管理

1. 选择抗风品种

根据各地区台风的危害情况，选择适合本地区的耐风品种。一般台风较多、破坏性较大的沿海地区，正造蕉宜用中矮把品种，如广东香蕉1号、大矮蕉等，春夏蕉宜用中把品种，如广东香蕉2号、中把威廉斯等，最好不要用高干品种。据广东省农科院果树研究所在高州的试验，在8～9级风时，高脚遁地蕾和齐尾品种的折倒率分别为71.3%和60.3%，高把品种的矮脚遁地蕾、大种高把和白油身的折倒率为2.9%～4.8%，而广东香蕉1号和广东香蕉2号无折倒。据台湾报道，台蕉2号香蕉（中矮把品种）干高为240.6厘米，台风折倒率为6.5%，而北蕉（中把品种）干高为270.3厘米，台风折倒率为38.8%。一般植株干愈高，抗风性愈差，但干的粗细等也有一定的关系。据斯托弗（1987）提到的宿根蕉干高同是3.3米的匡萄、伐来利和粗把香牙蕉3个品种，在3米高处的风速为38 000米/小时的折倒率分别为11%，5.3%和3.6%，而干高为2.8米的大矮蕉折倒率为0.3%。

2. 避风栽培

对于冬暖而又台风多危害的地区，如海南省，广东省的粤西地区、粤东的澄海市，广西的北海市及福建的少部分蕉园，可以生产避风的反季节蕉，台风季节香蕉植株较小，抗风力较强。新植蕉一般在4～6月份定植，11月份至翌年3月份抽蕾。宿根蕉可在9月份以后留下所有抽生的吸芽，翌年4～5月份再定芽。最好是年年新植，植株的防风力较强。

3. 选择避风地形及营造防风林

台风较多的地区，要选择一些台风自然屏障地形，如山谷地、台风袭击方向有山或林挡风的地方。对于平原地区，要营造防风林，或种植植株高大而抗风力强的畦头大蕉作为防风林，可减少风害的损失。国外有在台风来袭方向竖防风尼龙网减少风速的。作防风树的粉蕉、畦头大蕉，可以 3 株丛植的方式密植，增强植株的防风能力。

4. 立防风桩保护

台风地区进入台风季节，干高 1.5 米以下的植株，应立桩防风。对于未抽蕾植株，一般 1 株立 1 桩防风，桩柱入土 35～50 厘米，用绳将柱与假茎上部缚紧，桩柱的位置除畦边外其余 3 个方向均可，但从防风效果看，桩柱在植株的向风位置，对植株起拉的作用要比桩柱在植株背风位置起撑的作用要好。对于挂果树，一般也用 1 株 1 桩的方法护蕉，桩柱直立于果穗下弯的方向，下部埋入土 35～40 厘米，上部用绳缚紧把头的假茎，对支撑果穗及防风效果较好，但有的会与果穗摩擦伤果。而立于果穗下弯的背面方向，用绳子缚后拉住果穗，易受风摇动。对于蕉园蕉果受风的位置或产量高的果穗，最好用双柱防风，将两竹桩在适当的位置打一结，再将两桩形成交叉套在果穗下的把头处，用绳子将桩缚在把头假茎上，防止摇动脱落，双柱是斜向的，下部入土 20～30 厘米，与植株形成三角形稳定结构，防风效果较好。对产量特高的植株，在果穗下弯处设一直立支柱加固，防风效果更佳。培养斜生的株形有利于立桩防风。

据福建王素贞(1998)报道，在福建九龙江及长势均匀一致的香蕉，采用打桩立柱拉网索的方法防风，每公顷用绿色尼龙绳索 35.5 千克，在约 2 米高处，采用船绳打结法，把每株香蕉 1 支的防风竹桩按行与行间，株与株间绑缚成长方形网状结构，四边绳索的末端缚固在 50 厘米长的竹竿或木棍上，再打桩入土固定，可防较强的台风。

防风桩最好用杉木，较坚固耐用，可用5～8年，但成本稍高；其次是用坚硬的竹竿，一般仅用2～3年。防风桩柱应比香蕉品种高度高1米以上，通常4～5米长。

5. 注意培土

香蕉生长快，球茎容易露出地面，降低抗风性，尤其是试管苗种植的植株，要经常培土，以增加植株的抗风力。据报道，大蜜舍香蕉培土比不培土可减少风害损失30%。

6. 合理密植，适时留芽

根据不同地区的太阳辐射量，选择合理的种植密度，不要偏密，否则会使植株徒长，削弱抗风性。另外，宿根蕉要适时留芽。留芽太迟易露头，植株易倒伏。台风季节禁止挖取吸芽。除芽也不要伤断母株的根系。

7. 注意象鼻虫的防治及施肥管理

象鼻虫蛀食假茎，会大大降低植株的抗风力，虫害严重的挂果植株，在无风时也会折断。故防治象鼻虫极为重要。另外，偏施氮肥，会使植株徒长，组织松软，抗风力较差，应适当增施磷钾肥，增强根系，增粗假茎，增强组织的韧性。营养生长期可试用“香蕉矮壮素”，增强植株的抗风力。

8. 加强风害后的管理

台风过后，要抓紧清园，将折倒的植株砍掉，让吸芽快点生长，连根拔的植株可砍去上半部茎叶后重新种上，让吸芽生长。对有一定肉度的折倒株蕉果，只要果穗不断离母株，母株仍可供水的，不要急于清理，覆盖果穗，果实仍可生长。不折倒的植株受风摇晃后根系受伤，应培土并加强肥水管理。风后干旱的要经常灌水，最好配合叶片喷水和根外追肥。强风有助于蚜虫和病菌的传播，往往风后病虫害也较严重，故须加强病虫害的防治工作。叶片扭折后，果穗易裸露晒伤，要进行果轴及果穗的遮荫覆盖。

五、香蕉的防寒技术

（一）寒害的种类

香蕉属不耐寒作物，寒害是亚热带蕉区自然灾害之一。香蕉寒害主要有干（风）冷、湿冷及霜冻3种，以后两种较普遍。

1. 干（风）冷

主要为平流冷害，北方冷空气南下，干燥低温的北风吹打香蕉植株叶片及果实，造成叶片或果实失水、变黑。干冷通常温度较高，不会使植株死亡，主要危害叶片，尤其是嫩叶、花蕾、幼果及老果，多为春节前的寒潮。

2. 湿 冷

低空受北方冷空气影响，高空受暖流影响，大气湿度大，常伴有小雨。通常湿冷的气温也较高，但低温持续时间较长。湿冷主要危害未抽蕾植株的生长点或花芽、花蕾，造成烂心。温度低时也危害果穗及叶片，但通常老熟的叶片及上弯转绿至五成熟度的果实症状较轻。其危害程度与低温程度及低温持续时间有关，如以日平均气温低于8℃的天数及低于8℃的有害积寒为指标，则低温持续3～5天，有害积寒≥4～5.9℃·日，香蕉轻度受害，嫩叶嫩果出现轻微症状；低温持续10天以上，有害积寒≥9℃·日，香蕉严重受害，心叶腐烂，地上部全部受害。

3. 霜 冻

处于平流冷害的天气，无风无云的寒冷之夜，地面辐射强烈，气温下半夜大幅度下降，由于温差大，在叶片表面形成一层冷水层（也称结霜），如气温低于0℃，空气中的小水滴结霜垂直降至叶面上，称降霜。霜水温度很低，使叶片受害。受霜冻危害最大的是叶片，其次是果实和假茎，叶片变枯黄，果实变黑，而假茎会褐变渗水。

香蕉出现霜冻害的有害温度指标，在出现霜冻的条件下，最低气温降至2.6～4℃为轻度冻害，植株下部2～3片老叶边缘枯黄或局部受害；0.6～2.5℃为中度冻害，植株下部4～7片老叶枯黄；≤0.5℃为严重冻害，植株8片以上或全株叶片枯死。1999年12月24～26日霜冻，广东省许多蕉园最低气温达－2～－3℃，植株叶片全部冻死。

（二）香蕉防寒措施

香蕉寒害是由北方寒潮南下造成的，严寒一般在1月中旬至2月中旬。据广西南宁市1950～1990年共40年的气象资料，出现冷害33年，占82.5％，其中重冷害有9年，占22.5％，12月份以前冷害仅占5％。

寒害的形式不同，防寒的方法也不同。一般干冷预防是挡风，湿冷是防水，而霜冻则要减少地面辐射及排除冷水层。由于香蕉植株高大，尤其是挂果的春夏蕉，严重的寒害较难预防，只能避寒，目前只能预防一些较轻的寒害，具体措施如下。

1. 选好园地，减轻寒害

地形、地势或水汽等形成的小气候与香蕉寒害关系密切，云南、贵州等省的小气候更明显。一般北面屏障、南面开阔的台地寒害较轻，挡北风面和低洼地，寒害较重。闭塞环境及凹地也易形成冷空气沉积，加重寒害。靠近海洋、湖泊、水库等有水汽调节的蕉园，寒害较轻。土层深厚、疏松，富含有机质，不渍水及可灌溉的蕉园，寒害较轻。选择温暖小气候区建园，北面营造防风林（大蕉、粉蕉）或用纤维塑料在北面设防风屏障，可减轻香蕉的寒害。

2. 避寒栽培

对一些常发生严重寒害的北缘地区，如广东的梅县、从化、花县，福建的漳平等多数蕉区，广西的南宁、浦北、武鸣，贵州蕉区等，以及一些冬季较暖但蕉农害怕寒害的蕉区如珠江三角洲的蕉区，最好采用冬前收获的方法，避免蕉果越冬受寒害。具体做法有3种：第一，早春种植蕉童吸芽苗。蕉童的叶龄较大，开花结果早，一般可在8月底前抽蕾，12月份基本可收完。第二，冬植后用薄膜防寒过冬。该法目前在珠江三角洲蕉区开始推广，即在10～11月份用试管苗定植到田间，在12月份用薄膜小拱棚防寒至春暖，也有用成本较低的果实袋套小苗，寒潮来时密封薄膜或袋，如遇降雪霜天气，蕉苗需用稻草覆盖后再套薄膜袋才能保安全。清明左右除去薄膜拱棚或薄膜袋，春暖后蕉株早生快发，如配合地膜覆盖效果更佳。一般8月上中旬可抽蕾，12月份收完，该法更适合于北缘蕉区如贵州、四川甚至湖南、浙江部分地区种植香蕉。第三，早春用大袋育成的老壮试管苗定植，用地膜进行土壤覆盖，迟留芽或不留芽，其栽培技术参照本书55页“香蕉试管苗的假植育苗技术”，12月底可收成60%～90%。

上述年底收获的新植蕉，在7～8月份留芽，新留吸芽冬季耐寒性最好，也宜用稻草包扎套袋防寒，翌年9月份前可抽蕾，严寒前可收完。

对于冬季较冷而旱季又不能灌溉的蕉园，最好夏植收正造蕉，宿根蕉留芽期在5～6月份，但又要在9～10月份留一后备芽过冬。

3. 生产春夏蕉应控制抽蕾期

对于寒害不严重的南亚热带蕉区，如粤西的湛江市、高州市，粤东的澄海市，广西的北海市等，以及敢冒险的珠江三角洲蕉农可生产春夏蕉，最好控制在10～11月份抽蕾，寒潮来时果实有三至五成肉度，耐寒性较好，或在冷害结束春暖潮湿时抽蕾（尖嘴蕉），避免在12月底至翌年2月上旬抽蕾或花芽分化。对于估计11月中旬前无法抽蕾但已孕蕾的植株，晚秋及冬季要控制氮肥及水分。在冬季稍冷的地区，生产春夏蕉要抓早春植，2月底至4月初定植为宜，并配合密度、肥水管理等栽培措施，宿根蕉避免留2～3月份抽生的吸芽，以免在冬季抽蕾。

4. 选择耐寒品种

冬季常有严寒的地区，可选择耐寒性较好的品种如大蕉、粉蕉等。四川、贵州等省份种植大蕉为宜，广东的肇庆、揭西、从化等地种植粉蕉较好。香蕉品种中，高中干品种耐寒性比矮干品种稍好。大蜜舍香蕉及贡蕉耐寒性最差。

5. 重施过冬肥

10月份重施1次有机质肥及钾肥，有机肥最好是草木灰、火烧土等热性肥料，每株25～50千克，施于蕉头附近表面，钾肥每株0.2千克，淋施或洞施，增加土壤的吸热保暖及植株的耐寒能力。但入冬前应减少或不施氮肥，防止生长过多消耗植株体内养分，降低抗寒力。

6. 叶面喷肥（药）保护

入冬前叶片可喷磷酸二氢钾液（0.1%～0.3%）等叶面肥，提高叶片细胞汁液的浓度，也可喷高脂膜（200倍液）、抑蒸剂（1%）等减少叶片失水，对防干冷有利。对秋冬植小苗可在10月下旬喷淋“香蕉矮壮素”，使叶片肥厚，提高耐寒力。也

可试用 B_9、青鲜素等抑长剂，但不能喷细胞分裂素、生长素和赤霉素等植物生长调节剂。

7. 土壤覆盖

冬春季用地膜覆盖畦面土壤，防止地面辐射降温，白天也可提高土壤温度，减轻根系受寒程度，有利于春暖后恢复生长，提早抽蕾，提高产量及质量。也可用稻草等物覆盖，但效果稍差。

8. 植株覆盖包扎及果穗套袋防寒

对叶龄较小（1 米以下）的吸芽株，可采取入冬前束叶减少受霜面积，假茎用稻草等包扎，最好加薄膜袋。对成年株束叶较困难，可在把头处盖稻草，尤其是挂果树要进行果轴覆盖，果穗可套上薄膜袋，最好套 2 个袋，连续低温阴雨时，薄膜袋下开口最好束紧密封或仅留小开口透水汽。

9. 熏烟、灌水防霜

注意天气预报或看天象，霜冻的夜晚，蕉园熏烟可减轻霜害。晚上气温降至 5℃时就会发生霜冻，要马上点火熏烟，可用谷壳、木屑 3 千克，废机油柴油 0.3～0.4 千克，可燃 9 小时，每公顷 15～20 堆对防霜冻有效。

水田香蕉畦沟保留浅水层，有条件的可傍晚灌水，最好是夜灌日排，对缓和霜冻有好处。霜冻的早晨，用水喷洗叶片霜水，也可减轻霜害，用深层地下水喷洗效果更好。

（三）香蕉寒害后的补救措施

香蕉发生严重寒害后，特别是霜冻造成死株的，许多蕉农心灰意冷，有的蕉农缺乏资金再投入，影响下一造的香蕉生产。尤其是有些霜冻是连续 2 年的，如 1975 年和 1976 年，1991 和 1992 年，均造成香蕉连续 2 年受害，故受冻后的香蕉必须抓紧管理，更高投入，争取冬前采收。由于受冻后各地香蕉失收，越早采收的香蕉价格越高。寒害后的补救措施有如下几点。

1. 对香蕉植株的药物处理

寒害后回暖，预计没有大的冷害天气时，3 月上中旬及时刈除冷冻伤的蕉叶和叶鞘，尤其是未开张的嫩叶，防止腐烂蔓延。对腐烂严重的，可喷氧氯化铜或波尔多液杀菌。对于有的孕蕾株，因寒害后花蕾抽不出而在假茎上部形成膨肿的，要及时用小刀在膨大处割一长 15～20 厘米、深 3～4 厘米的浅痕，引蕾在假茎侧面抽出。

2. 根据寒害的程度采取相应的留芽方法

如母株寒害不严重，估计还可抽生新叶 6 片以上，2 个月后可抽蕾的，可除去秋季预留的吸芽，改留刚出土的小芽，让母株充分生长。如母株受害严重，或刚接近抽蕾挂果无青叶或青叶数 2～3 片以下的，最好砍去母株，让最大的吸芽快点生长，及早收获。对于母株和大吸芽地上部均冻死的，如母株能及早长出吸芽，选留一最粗壮的芽，其余及早除去。如吸芽生长势弱，也可考虑重新种植。

3. 及早松土施有机肥

香蕉受害后未松土的要及时进行深翻松土，挖除旧蕉头及冻死的残株，施农家肥、土杂肥等，每株 25～40 千克，促进发根。

4. 及早加强肥水管理

春肥宜早施，对于寒害轻的挂果株或孕蕾株，可淋施碳铵或复合肥等速效肥料并配合叶面喷施肥料，这对恢复促进植株生长有显著的效果。对于吸芽株，除施有机肥外，可沟施磷肥加钾肥或复合肥，分量宜重些，每株可施 500 克，配合淋施碳铵，施肥面积宜大些，春暖后生根即可吸收。

对于春旱的蕉园，要及时灌水，保证土壤湿润，促根生长。

5. 早春覆盖地膜

经松土施足肥灌水后用地膜覆盖畦面，尤其是蕉头处的土壤，对加快恢复生长效果十分明显。据福建范孔斌的试验，3 月 1 日至 6 月下旬进行吸芽株地膜覆盖，可加快抽叶的速度，减少植株至抽蕾所需的总叶数，提早抽蕾及收获时间，提高产量，经济效益十分显著。

第六章　香蕉的施肥技术

施肥技术是香蕉生产中重要的栽培技术，是获取香蕉优质高产重要的一环。要做到科学施肥，就要了解香蕉的生长特性、营养特性、土壤特性及肥料特性等。要明确施什么肥、何时施、施多少、怎样施。施肥不科学，既造成肥料的浪费，也难提高香蕉产量和质量，严重的造成失收。

一、香蕉的生长特性

香蕉的生长主要是根、茎、叶、果实的生长，各器官的生长习性在第三章中已详述，这里只再强调与施肥有密切关系的生长特性。

香蕉是大型草本作物，生长快，生长量大，在环境条件良好和肥水充足时，种植后 9～10 个月可收获，而且产量高，最高可达 60～75 吨/公顷，果实产量可达植株生物量的 30%～40%，干物质的 40%～50%。

香蕉虽属多年生果树，但植株个体一生只结果1次，收获后母株死亡，由其吸芽继续另一个生产周期，每个生长世代需具有一个生长量大的营养生长期。

香蕉的生长发育期大致依次分为营养生长期、孕蕾期及果实生长发育期3个主要时期，各个时期还可分若干个小阶段，如孕蕾期分为花芽分化期及花蕾抽生（拔节）期。在营养生长期，主要是根、球茎、假茎及叶片各营养体的生长，生长量较少。在孕蕾期，有营养生长和生殖生长，由营养生长向生殖生长过渡，以营养生长为主，这个时期是营养器官生长最旺盛的时期。果实生长发育期则主要是生殖生长，这时植株个体根茎叶已不再生长，但在留芽的宿根栽培中，吸芽株的营养生长也占一定比例。

香蕉的花芽分化不受低温及干旱诱导，营养生长到一定程度即开始花芽分化，主要与营养及内源激素积累有关。香蕉的生育期是多变的，生长条件良好时，定植后9～10个月可收获，差时15～18个月才收获。

香蕉根的发生与叶片的抽生基本上是同步的，抽蕾后叶片不再抽生，从球茎抽生的根也停止抽生。假茎的生长与叶片的生长基本上是同步的，叶面积增长量与假茎体积增长量极显著相关，叶片抽生量与假茎体积生长量也极显著相关，叶面积增长量与假茎高度增长量显著相关。在宿根栽培中，早留芽的吸芽株假茎的生长（尤其是高度）早于其叶片的生长。

不同生长阶段干物质的积累受施肥的影响，据周修冲等（1993）对矮干香蕉的研究结果，在分次追肥的情况下，营养生长阶段占10.7%，孕蕾期占35.4%，而果实生长发育期占53.9%，故中后期生长最旺，干物质积累最多。但据印度的研究，在土壤肥沃、不施追肥的情况下，果实生长发育期前的干物质积累达83%。缺肥时，干物质的积累会提前，即营养器官的干物质比例增大。

二、香蕉的营养特性

香蕉植株是由根、茎、叶、果实等器官组成，各器官由分生组织、输导组织、保护组织、贮藏组织等构成，而组织是由细胞构成的，细胞的物质基础是原生质，是由无机物和有机物构成的。香蕉赖以生长的物质基础是营养，包括有机营养和无机营养。有机营养包括蛋白质、糖类、脂类、核酸及一些生理活性物质如激素、维生素等；无机营养包括矿质营养、水、二氧化碳和氧气。矿质营养就是施肥的肥料元素如氮、磷、钾等。有机营养来自于叶片光合作用产物的代谢，矿质营养主要来自于根系的吸收。香蕉植株个体是利用叶片光合作用产物及根系吸收无机物进行一系列复杂的同化异化作用，制造各种营养物质，进行营养及生殖器官的构建和生长。

(一)必需元素的生理功能

香蕉生长发育中所必需的营养元素有16种，它们是碳、氢、氧、氮、钾、磷、硫、镁、钙、铁、锰、锌、铜、钼、硼、氯。其中前5种含量大于1%，称为大量元素；后7种含量少于0.01%，称为微量元素；中间4种含量大于0.1%，称为中量元素。氯的含量也较大，但按其功能，也将其列在微量元素中，钠虽不是香蕉的必需元素，但香蕉体内含钠较多，也一并论述。

1. 碳、氢、氧

这3种元素构成香蕉干重的94%，是香蕉体内形成的各种有机物的主要成分，并参与一系列对香蕉生长发育极为重要的代谢反应，最重要的光合作用和呼吸作用的主要参加者是碳、氢、氧，与其他矿质营养元素不同，它们主要来自空气和水。

2. 氮

氮是香蕉细胞的主要结构成分，是构成氨基酸、蛋白质、核酸等重要有机物不可缺少的元素。尤其在蛋白质中氮含量达16%～18%，蛋白质是细胞原生质的基本成分，没有蛋白质、核酸，就没有新细胞的产生，香蕉就不能生长发育。酶在各种代谢过程中起生长催化作用，其主要成分也是蛋白质。氮也是多种维生素、激素及各种生物碱的重要成分，它们对新陈代谢起重要作用。氮也是叶片光合作用工厂——叶绿体中叶绿素的组成成分，氮素可使叶绿素含量增加，叶色浓绿，提高光合作用。故氮对香蕉根茎叶的营养生长、梳数和果数、果指长及果实的品质有重要的影响。

3. 钾

钾是香蕉的关键元素，在矿质营养元素中其含量最多。钾主要是参与多种代谢过程，其物理作用超过生物化学作用。钾可促进光合作用，一是影响叶片气孔的开关，二是影响光合产物的转移。钾与水分有极密切的关系，一个是影响气孔的开关而保水，另一个是提高细胞的渗透势，增加细胞的膨压，建立根与土壤的一个压力梯度，故施钾肥可增加抗旱能力，钾的供应也可降低钠的吸收。钾参与氮的代谢，促进低分子氮化物转化成蛋白质。施钾可使香蕉球茎、假茎、果轴粗大，叶片增厚，果实饱满，增加果实含糖量。钾可提高香蕉的产量及品质，尤其在旱季及冷季更为明显。

4. 磷

磷是细胞组成的结构物质和代谢活性物质的成分，在香蕉体内起着重要的作用。磷是细胞膜系统、叶绿体和线粒体的结构成分，在核酸、核蛋白、嘌呤和嘧啶、核苷酸、黄素核苷酸、三磷酸腺苷以及多种辅酶中都有磷，也是植素的主要成分。对细胞的分裂，光合产物的运转，以及多种有机物质的代谢有重要作用，还对提高香蕉的抗旱、抗寒、抗盐碱能力有好处。

5. 钙

钙通过对细胞膜透性的调节，能稳定高度胶体颗粒的乳化，从而参与细胞有机结构的维持作用，但钙对水分的作用正好与钾相反，钙降低水化。钙如与钾、镁等配合，可保持原生质的正常状态，从而调节原生质的生命活动。钙能调节香蕉体内酸碱反应，减少有机酸的积累，能促进碳水化合物和蛋白质的合成。钙是细胞壁的结构成分，对新细胞的生成有很大作用，可增强细胞间的粘结作用，对防止香蕉裂果，增加果实硬度，增强耐贮性，防止病菌入侵都有好处。另外，钙在土壤溶液中能起生理平衡作用，能抑制香蕉对氢、铝、锰、铁等离子的过量吸收，减少其毒害。在土壤中又能起改良土壤结构的作用，从而促进根系的发育。

6. 镁

镁是叶绿素的主要组成成分，作用重大。镁还是多种酶的活化剂，具有催化作用，广泛参与植株体内的新陈代谢。

7. 硫

硫是蛋白质和酶的组成成分，一些生物活性物质如维生素、硫辛酸、辅酶 A 等都含有硫作为重要成分，它们对多种代谢过程有重大作用。

8. 铁

铁作为代谢物质如细胞色素、铁氧还原蛋白等的组成成分以及它在生物氧化还原体系中的催化作用，使它在很大程度上直接或间接参与香蕉体内一切重要的代谢过程。同时也参与叶绿素的合成，与光合作用有关。

9. 锰

锰是叶绿体的结构成分，参与光合放氧反应。锰也是许多酶的成分，也是某些酶的活化剂，参与一些代谢过程，含锰的过氧化物歧化酶可保护香蕉组织免受自由氧基的毒害作用。

10. 铜

铜是香蕉体内许多氧化酶的成分，参与氧化还原反应。铜是叶绿体的构成成分，含铜的质体醌和质体花青素也参与光合作用中电子的某些传递，因而铜与光合作用有关。铜还参与氮的代谢，也能提高香蕉对真菌病原体的抗性。

11. 锌

锌是一些酶的成分，在香蕉的新陈代谢中起重要作用，锌参与生长素的合成，对生长发育起很大作用。

12. 硼

硼参与很多代谢过程。硼与顺二醇类复合物在细胞膜上影响膜的透性，与醇类碳水化合物及其他有机化合物形成过氧化物，改善根部氧的供应，使香蕉根系发育良好。也可能与原生质若干成分形成复杂化合物，促进阴离子进入根系，提高肥料的利用率。硼与酚形成稳定的复合体，调节木质素的生物合成。硼也能促进维管束的生长发育和分化及开花结实。

13. 钼

钼是香蕉作物体内硝酸还原酶的成分，在氮素的代谢中有直接的作用。钼也影响一些酶的活性，能减少土壤中锰、铜、锌、镍、钴等过剩所引起的缺绿症状。

14. 氯

氯是光合作用中一个重要的辅助因素。氯为微量元素，但香蕉含氯很多，以氯离子存在，对阳离子起平衡作用，氯化物可以在快速的钾移动中起像反离子一样的作用，产生膨压。

（二）营养元素的缺素症和过剩症

上述各种必需营养元素虽然是香蕉作物必不可少的，但也要在体内各组织中按需起作用，过少过多均会造成香蕉生长的不平衡，出现缺素症或过剩症。有的微量元素缺乏、适量和过量的浓度相差很少。

1. 氮

氮在香蕉生长过程中是一个很易缺乏的元素，其缺乏症状是叶片变成淡绿黄色，柄脉、叶柄、叶鞘淡红色，叶距短。在土壤中有机质含量低、施氮肥不足、根系生长不好以及杂草竞争的情况下，经常会出现氮缺乏症。缺氮对植株生长的影响比其他任何元素都显著，严重影响叶片的抽生速度，也影响干物质的积累，因而影响生育期、果实产量和质量。氮过剩时会使植株抗逆性下降，果穗发育不良，果穗梳距大。

2. 钾

香蕉对钾有特别的嗜好，是典型的喜钾作物。缺钾的症状是老叶出现橙黄色失绿，接着很快枯死，叶的寿命显著缩短，柄脉弯曲，以致叶尖指向植株基部，自叶片尖端2/3处折断，而不是在叶柄处折断。缺钾植株生长受抑制，叶片变小，抽蕾迟，梳果数少，尤其是果实难饱满而且比重增加，果实水洗时会沉在水中。植株抗性差。施钾过多，除非造成伤根，并未见直接的过剩症，只是有时会造成镁、钙的吸收困难而出现镁、钙的缺乏症。

3. 磷

香蕉对磷的需求不多，田间很少看到典型的缺磷症状。砂培时缺磷的症状表现老叶边缘失绿，继而出现紫褐色斑点，最后汇合成锯齿状枯斑，叶片卷曲，叶柄折断。幼叶缺磷呈深蓝绿色或青铜色，植株和根的生长减缓，当田间出现缺磷症状时，说明缺磷已相当严重，对产量和质量有严重影响。磷的过剩症不易见，而是造成锌、铁、镁等元素在土壤和植株体内失效，出现相应的缺素症。另外，果期磷过多也会影响果实的淀粉积累。

4. 钙

钙在香蕉体内不易移动，在砂培时缺钙的症状出现在幼叶上，其叶脉变粗，尤其是靠近柄脉的肋脉，不久是叶缘肋脉间尤其是接近叶尖的叶缘肋脉间开始失绿。当这些叶斑开始衰老时，它们就向柄脉扩展，呈锯齿状叶斑。在田间，缺钙还表现抽生新叶叶片缺刻，或几乎无叶片仅有柄脉的“穗状叶”。缺钙植株果实品质差，成熟时果实易开裂。叶片生长过速或施钾过多，使根对钙的吸收跟不上生长的需要时，就易出现缺钙症，田间未见钙的过剩症。

5. 镁

缺镁的症状很多，包括叶缘向柄脉逐渐变黄，叶序改变，叶柄出现紫色斑点，叶鞘边缘坏死、散把等。砂培时常见叶边缘坏死，田间常见老叶边缘保持绿色，而边缘与柄脉间失绿，呈黄灰色。长期未施用镁肥或大量施用钾肥的蕉园，易发生缺镁症。土壤中镁的大量存在会影响钾的有效性。

6. 硫

缺硫症状出现在幼叶上，呈黄白色，随着缺素程度的进一步加深，叶缘出现坏死的斑点，肋脉稍微变粗，类似缺硼和缺钙，有时也出现没有叶片的叶子。缺硫抑制生长，果穗细小或抽不出来，溶液中硫酸盐的浓度低于 2 ppm 或高于 100 ppm 时，都会抑制生长，使叶片中氮的浓度增加。

7. 铁

铁是属于不易移动的元素，缺铁主要发生在石灰性土壤上，缺素表现在幼叶上，最常见的症状是整个叶片失绿，呈黄白色，失绿程度是春季比夏季严重，干旱条件下更为明显。铁的过剩症是叶边缘变黑，接着便坏死。

8. 锰

缺锰的特征反应是“梳齿状”失绿，失绿开始发生在第二或第三幼叶的边缘，接着沿肋脉向柄脉伸展，肋脉间仍保持绿色，呈现梳齿状失绿。有时在叶缘留下一条狭窄的绿边，老叶暗黄绿色，果实布满黑色的斑点。锰的过量比缺乏症更常见，因使用含锰的杀菌剂或土壤有效锰浓度过高，使叶缘变黑色坏死，产量降低。

9. 锌

锌的缺乏常发生在土壤 pH 值较高或施石灰过多的土壤上，石灰质土壤上特别容易缺锌。有机质土和泥炭土中，锌的有效性也较低。在有效锌含量低的土壤上大量施用磷肥，会导致缺锌，植株汁液含无机磷太多，也会造成锌的沉淀。缺锌的特征症状是幼叶显著变小，且叶形呈披针状，刚抽生的叶片背面有花青素着色，这些红紫色常随幼叶展开而逐渐消失，展开后叶片出现交错的失绿，植株生长受抑制，果指变小，畸形，果指尖呈奶嘴状。

10. 铜

香蕉缺铜一般发生于泥炭土的蕉园，其症状是在植株所有叶片上出现均匀一致的灰白色，与氮的缺乏相似，但叶柄不出现粉红色，柄脉弯曲，使整株呈伞状。植株易感真菌和病毒。铜主要存在于根部，土壤铜含量过多或长期使用含铜杀菌剂（如波尔多液），会使根中铜过剩而抑制根系的生长。

11. 硼

缺硼的主要症状是叶面积变小、卷曲，叶片变形，叶背面出现特有的垂直于肋脉的条纹，新叶可能不完整，类似缺硫和缺钙，叶脉变厚。有时缺硼会造成香蕉植株心腐及果肉中心变黑。但硼过量时会出现叶缘变白及坏死现象。

12. 钼

田间和砂培均未见香蕉钼的缺素症和过剩症。

13. 钠和氯

氯是香蕉必需微量元素，需要量很少，但土壤含氯很多，而钠为香蕉非必需元素，这两者往往是过剩，也就是常说的盐害。沿海新围垦的盐碱地或盐渍土壤种植的香蕉，在旱季由于盐分在土层中的积聚作用，出现氯化钠盐害，表现为叶片边缘失绿黄化，最后枯死，植株生长受抑制，果实瘦小、难饱满。解除盐害一是靠雨水淋洗盐分，一是施用石膏（最好是磷石膏）改良土壤。

14. 氟

氟并非香蕉必需元素，但香蕉对氟极敏感，目前大气污染中氟对香蕉的毒害很大，砖厂、水泥厂排出的废气中含有较多的氟。香蕉叶片吸收大量的氟就造成叶片边缘枯死，由于氟常积聚于叶片边缘，故叶缘先枯死，继而向柄脉发展，严重时叶片枯死面积超过50%。

香蕉叶片缺素症和过剩症症状，参见表6-1和表6-2。

表 6-1 香蕉叶片缺素症状

叶龄	叶片症状	其他症状	所缺元素
老叶和幼叶	均匀一致的暗淡发白	粉红色叶柄	氮
		柄脉弯曲(下垂枯萎)	铜
幼叶	整片叶黄白色	—	铁
		肋脉增粗	硫
	横穿肋脉的条斑	叶片畸形(不完全)	硼
	沿着肋脉出现条纹	最幼叶背面带红色	锌
	边缘失绿	肋脉增粗,从边缘向内逐渐坏死	钙
老叶	边缘锯齿状失绿	叶柄折断,幼叶带青铜色	磷
	叶片中部失绿,柄脉及边缘仍旧保持绿色	失绿界限不明显,假茎散把	镁
	叶片暗黄绿色	—	锰
	橙黄色失绿	叶片弯曲,很快失水	钾

表 6-2 香蕉常见元素过剩症状

叶片症状	其他症状	过剩元素
所有叶片特别浓绿,厚,较下垂	假茎瘦高	氮
叶片翠绿,厚,较短小,直立	假茎粗,果肉青皮黄	钾
幼叶叶缘水渍状,老熟叶叶缘枯死		氟
叶缘失绿,接着枯死	果实瘦小	钠、氯
叶缘黑枯,叶缘内侧具黑斑		锰
叶缘黑色坏死		铁
叶缘黄白色,继而坏死		硼
叶片有失绿条纹	果穗发育不良	砷
叶柄蓝色,叶片不规则失绿,接着坏死		镁

（三）香蕉养分的吸收机制

香蕉植株对养分的吸收主要靠根系，极少部分靠地上部的叶片等器官。根系的吸收主要在次生根或在其上长出的三级根的根毛区上进行。根毛消失的老熟根吸收能力是极低的。

1. 根系的吸收

养分除小部分由香蕉根系的根尖直接接触养分而吸收外，主要靠质流和扩散向根移动，移动至根表的养分被根系选择性地吸收。根系吸收养分有主动吸收和被动吸收两种，主动吸收是主要的。被动吸收是养分离子由浓度高的根际土壤扩散而进入根系，是不需要消耗能量的、无选择性的方式。主动吸收是养分离子通过根系细胞膜而进入根系，是需要消耗能量的方式，主动吸收受根细胞呼吸作用的影响，是有选择性地吸收养分。

2. 叶片对养分的吸收

香蕉叶片表面覆盖着一层角质膜，它由 3 层物质组成，紧靠表皮细胞外壁是由角质层、纤维素和果胶构成的角化层，其外面是角质与蜡质混合构成的角质层，最外一层完全由蜡质组成。角质膜上有许多微小的孔道，称为外质连丝，养分就是从这些外质连丝进入叶片内部的。叶片上的气孔很小，只能进行气体交换及水汽蒸发，养分不易通过进入。

叶片对不同养分的吸收速率不同，吸收钾肥的速率是氯化钾＞硝酸钾＞磷酸二氢钾，吸收氮肥则是尿素＞硝态氮＞铵态氮。尿素能很快穿过角质膜进入叶片细胞，在喷施微量元素锌、硼、铁等时，添加尿素有助于叶片对它们的吸收。

各种养分进入叶片细胞后在细胞中的移动能力不同，一般顺序是氮＞钾＞镁＞磷＞氯＞硫＞锌＞铜＞锰＞铁＞钼＞

硼和钙。

叶面施肥就是使养分从叶部进入体内，直接参与植物的新陈代谢与有机物的合成过程。实践证明，叶面施肥比土壤施肥更为迅速有效，常作为及时治疗缺素症的有效措施，尤其是在根系活力不佳如干旱、低温、伤根等情况下更为有效。叶面施肥也可避免肥料被土壤固定，从而提高肥料利用率。另外，叶面施肥还可促进根系对养分的吸收。

（四）香蕉对养分的吸收及其分布

1. 香蕉对养分的吸收

据印度的研究，在土壤肥沃、不施肥的情况下，茹巴斯打香蕉对养分的吸收最多是在第十五叶龄至开花期，开花后各种养分吸收较少。至现蕾时，氮、磷、钾的吸收量占各总量的91.3％，92.2％，87.2％。据周修冲等（1991）对矮干香蕉的分析，在分次施肥的情况下，矮干香蕉各时期对氮、磷、钾的吸收量见表6-3。新植蕉营养生长期吸收较少，孕蕾期和果实发育期吸收量很大。宿根蕉营养生长期植株氮磷钾的含量也较多，这是因为它除了从土壤吸收养分外，还从母株残茎中额外获得部分养分。现蕾前对氮、磷、钾的吸收量分别占全生育期的58％～59％，56％～63％，64％～69％。

香蕉植株对各养分的吸收量，受品种、土壤、施肥、气候等影响较大，但各类蕉对养分的吸收量是钾＞氮＞磷、钙、镁＞微量元素。一般植株较高大的品种吸收养分较多，三倍体香蕉吸收养分比二倍体香蕉多，三倍体香蕉中杂交蕉（AAB、ABB）对钾的吸收比香牙蕉（AAA）要多，香牙蕉各品种中养分也存在着差异，干高的比干矮的略多，同一品种在土壤、气候、栽培条件好时，吸收养分也较多，宿根蕉比新植蕉吸收养分较多(表 6-4)。

表 6-3 矮干香蕉植株对氮磷钾吸收率及比例

造别	时期	三要素吸收率(%)			三要素吸收比例		
		氮(N)	磷(P_2O_5)	钾(K_2O)	氮(N)	磷(P_2O_5)	钾(K_2O)
第一造	营养生长期	19.3	17.8	16.5	1	0.22	3.28
	孕蕾期	40.5	45.0	52.5	1	0.25	4.44
	果实发育期	40.2	37.2	31.0	1	0.23	3.84
第二造	营养生长期	29.7	29.6	33.4	1	0.21	4.15
	孕蕾期	28.1	26.8	29.6	1	0.20	3.92
	果实发育期	42.2	43.6	37.0	1	0.22	3.25

表 6-4 香蕉肥料三要素的吸收量

品种	产量(吨/公顷)	每公顷吸收量(千克)			生产每吨果需要量(千克)			每吨果含量(千克)		
		氮	磷	钾	氮	磷	钾	氮	磷	钾
东莞中把	27	159	28.8	610.5	5.9	1.1	22.6	2.13	0.47	7.61
矮脚遁地雷	56	288.0	53.6	1057.5	5.1	1.0	18.9	1.75	0.46	4.65
矮香蕉	50	241.5	51.6	895.5	4.8	1.0	18.0	2.23	0.58	5.74

据周修冲等(1993)的数据整理

香蕉对养分的吸收量受土壤养分状况及施肥影响也是很大的。梁考衍等(1990)报道的 18 叶龄的中把香蕉的干物质、氮、磷和钾含量分别为周修冲等(1991)报道的同一叶龄的矮香蕉的 2.1,2,1.6 和 3.1 倍,前者土壤中氮、磷、钾含量较高。在施磷、钾肥的情况下,钾的吸收增加较多(增加 48%),而磷则减少(减少 25%)了,说明香蕉对钾的过量吸收很严重,而对磷的吸收只在不施肥或仅施磷肥时,吸收比例才较高。在不施氮肥而施磷、钾肥时，植株吸收氮、磷、钾的比例为1∶0.79∶12.7。氮、磷、钾三要素在供应充足时，香蕉吸收比例为1∶0.2∶3.3～4.4。

香蕉植株及叶片干物质中氮、磷、钾及其他多数元素的含量，随植株的生长有逐渐降低的趋势，尤其是在开花期，降至最低，这可能是吸收落后于生长。

对于留芽较早的香蕉植株，吸芽株对养分的需要量也是可观的。据印度测定，茹巴斯打香蕉收获时，吸芽株氮、磷、钾含量分别占蕉丛的50%，51%，34%，说明早长的吸芽株对母株存在很强的营养竞争力。

2. 香蕉植株中养分的分布

据梁考衍(1990)报道的数据推算，香蕉花芽分化前夕(18叶龄)，氮、磷、钾要素在植株中的分布，大部分在假茎中，分别占其总含量的78.2%，81.4%，89.9%。叶子和球茎中占的比例较小，随着果实的发育，养分向果穗转移。据周修冲等(1993)报道的数据推算，收获时，果穗中三要素占全株含量分别为氮34.2%～46.1%，磷43.8%～56.4%，钾14.7%～33.7%。残株中假茎养分含量也较多，尤其是钾，占其总量的38.2%～54.5%，其次是叶片。

根据梁考衍的测定，香蕉植株在施氮、磷、钾肥时，各器官干物质中养分的含量，在未抽蕾时，氮：叶片＞假茎＞叶柄、球茎；磷：假茎＞叶片＞叶柄、球茎；钾：假茎＞叶柄＞叶片。在采收时，氮：青叶片＞果轴、假茎，球茎＞干叶、青叶柄，果皮＞果肉。磷：果轴＞果皮，青叶片＞假茎＞果肉、青叶柄，干叶＞球茎。钾：果轴＞假茎＞果皮，球茎＞青叶柄＞青叶片，干叶＞果肉。

据印度巴拉克里什南(Balakrishnan 1980)对吸芽种植香

蕉各时期各种养分的分布测定，氮素在5～8叶龄阶段主要存在于球茎；在15叶龄阶段至开花期，主要存在于假茎；在果实发育阶段，主要存在于假茎和果实。磷素的分布，在5～8叶龄时，主要在球茎；15叶龄阶段，主要在假茎和球茎；开花期，主要在假茎；果实发育期，主要在果实和球茎。钾素的分布，在5～8叶龄阶段，主要在球茎；15叶龄至开花期，主要在假茎；果实发育期，主要在假茎，其次是果实。钙素的分布，在5～8叶龄，主要在球茎；15叶龄，主要在球茎和假茎；开花期主要在假茎；果实发育期主要在假茎、果实。镁素的分布同钙素。

（五）影响香蕉吸收养分的因素

影响根系活力和养分有效性的内外因素，均影响根对养分的吸收。

1. 光　照

光是作物主要的能量来源，太阳光照射香蕉叶片，在光能的作用下，二氧化碳和水在叶绿体内转化为碳水化合物。碳水化合物通过呼吸作用产生能量，这样就将光能转化为化学能。根对养分的吸收主要为主动吸收，需要有能量；有些养分如硝态氮被吸收后在植株体内的代谢也需要能量。另外，养分在土壤的质流及养分被根吸收后的运输与蒸腾有关，而蒸腾就需要光。叶面施肥，会由于光照强使水分蒸发而造成养分无法吸收。

2. 温　度

温度影响根系的生长及其吸收功能，香蕉根的生长及对养分的吸收，需要适宜的温度，低于13～15℃或高于35～38℃均停止生长，分别开始出现冷害或热害。一般以25～30℃为宜。另外，温度也影响有机质的分解，从而影响有效养分的供给。

3. 水 分

养分在土壤中的移动和有效性受土壤含水量的影响。土壤水分含量在田间持水量的60%～80%时，香蕉根系与土壤水溶液的接触面大，离子扩散进入根的数量多，养分随蒸腾作用的质流向根表靠近快，因而根的吸收好。干旱不利于养分的移动，也不利于肥料在土壤中的溶解及代谢转化，含盐较多的沿海蕉园还会因干旱出现盐的聚积与盐害。但水分过多，尤其是大雨或漫灌时，淋溶和冲蚀会使土壤中的养分流失。土壤水分过多也会造成氧气不足，这一方面会使根系缺氧而影响吸收能力，甚至烂根；另一方面也会使嫌气性微生物大量产生有毒物质，锰、铁等还原成离子态也会毒害根系，严重影响根的吸收能力及寿命。

4. 施 肥

对土壤施加营养元素肥料，有利于该元素向根表扩散，可提高该元素在根际土壤溶液中的浓度，有利于根对该元素的吸收。但施肥浓度过高会造成伤根，影响根的吸收。另外，叶面施肥也可促进根系对某些养分元素的吸收。这可能是香蕉的根与叶片养分元素存在一定的梯度，给叶片外加某些养分元素，势必要增加根中该元素的浓度来达到新的平衡。

5. 土壤酸碱性

土壤酸碱性影响养分的有效性。氮、磷、钾等养分在土壤中性时有效性最高，而许多微量元素养分如硼、钼、铁、锌等则在微酸性时有效性最高。另外，土壤酸碱度也影响香蕉根系对养分的吸收速率。一般认为，随着土壤pH值的升高，对钾、镁、铵阳离子的吸收速率增大，pH值降低时，对硝酸根、磷酸根等阴离子的吸收速率增大。我国蕉园土壤一般呈微酸性至酸性，如果酸性过大，pH 值小于 5，容易发生铝、锰及氢等离子对根的毒害作用，影响根的生长和吸收作用。因此，提高土壤 pH 值可减少这些有害离子的毒害。

6. 土壤通气性

土壤通气性影响根的生长及吸收能力，也影响某些营养元素的有效性，如氮的硝化作用与反硝化作用，某些元素的氧化还原状态。土壤中根及微生物呼吸作用需要吸进氧气，放出二氧化碳。土壤通气性影响土壤气体与大气的交换能力。土壤通气性除与土壤含水量有关外，还与土壤质地及土壤紧实度有关。质地粘质，土壤通气性差。通常质地结构良好、水分适宜的土壤，在深达 1～2 米的土层里，空气中氧的浓度仍在 15％～18％以上，二氧化碳浓度不超过 2％～4％，而在深 1.8 米的粉砂粘土中，氧的含量可低至 0.1％，在粘土中可低至 0，而细砂壤土是 8％。土壤压实、板结也影响通气性，当土壤容重由 1.5 提高到 1.6 时，土壤空气中氧的含量可由 10％降到 1.2％。故选择良好土壤及深翻松土，对提高根的吸收能力十分重要。

7. 离子间相互作用

香蕉根系吸收养分元素之间存在着协同作用和拮抗作用。协同作用是指吸收某一养分时，促进另一些养分的吸收。如氮和镁之间存在协同作用，叶片含氮量高时，含镁量也高；钙的存在能促进铵、钾的吸收；施氮可促进磷、镁的吸收，施磷又促进氮、镁的吸收；在不施氮时，钙与磷之间有协同作用，施氮量适宜时，钙与钾之间也存在协同作用。拮抗作用是某一养分元素的吸收会抑制另一养分的吸收，香蕉最常见的是钙、钾、镁之间的拮抗，磷与锌之间，镁与锰之间也常存在拮抗。而钠和钾既有协同作用，也有拮抗作用。

8. 病 虫 害

香蕉束顶病会严重抑制新根的生成，镰刀菌枯萎病会使根系及球茎、假茎腐烂，香蕉根线虫会破坏根的输导组织，都影响根对养分的吸收及运输。香蕉象鼻虫幼虫会蛀食假茎、叶柄、球茎或花序轴，破坏养分的运输。一些蕉园蛴螬(金龟子幼虫)会吃嫩根，白蚁食香蕉根等，也会影响植株对养分的吸收。

9. 香蕉品种

香蕉的品种不同，其根系的生长分布及对养分的吸收特性有差异，如大蕉、粉蕉的根系较发达，对养分的吸收能力比香蕉强，香蕉品种中高干种比矮干种根系分布较深且广，对养分的吸收能力稍强些，但对氮的吸收似乎矮干品种稍强些。

三、香蕉园土壤的养分供应

土壤是香蕉根系着生的地方，是供给香蕉养分和水分的主体。对香蕉施肥，就需弄清土壤的养分状况。

(一) 土壤肥力及其构成因素

影响香蕉产量和质量的因素有气候、土壤肥力、水分、施肥、栽培管理、品种及病虫害防治等。土壤肥力是获取香蕉高产优质的基础。

土壤是由岩石风化而成，是由无机颗粒、空气、水和有机质等组成的复杂体系，由固体、液体和气体三相构成。

土壤肥力是土壤从营养条件和环境条件方面供应和协调作物生长的能力，包括土壤的水、肥、气、热等要素，是土壤的物理、化学和生物学性质的综合反应。

1. 土壤肥力的物理因素

土壤物理性质主要有土壤质地、结构、孔隙度等。土壤质地是指存在于土壤中大小不同的矿质颗粒（直径 2 毫米以下）数量的比例。矿质颗粒有砂粒、粉砂和粘粒 3 种。砂粒（直径 1～0.05 毫米）是土壤矿质部分的骨架，不参与土壤各种反应，不能提供香蕉所需的养分，但影响土壤的保肥、保水性能。粉砂（直径 0.05～0.001 毫米）没有吸附性和离子交换能力，但颗粒间有一定的凝结力。粘粒（颗粒直径小于 0.001 毫米）的表面积极大，具有胶体的性质，吸附性和离子交换能力均很强，所以在土壤中粘粒的多少反映供肥和保肥能力。上述三者的不同组成就构成不同质地的土壤。香蕉生长的最佳土壤为壤土、砂壤土及粘壤土（砂粒 50％以下，粘粒 30％以下）。在灌溉条件良好时，砂壤土有利于香蕉根系的生长，而干旱、灌溉条件差时，粘壤土香蕉不易早衰。

土壤结构是指土壤颗粒以团聚体形式聚集在一起的紧密程度。结构好的土壤是团粒结构，差的是单粒结构。团粒结构的大小及稳定性对土壤肥力有很大的影响，土壤的固、水、气三相只有在团粒结构中才能统一起来，形成合适的比例。团粒内部的毛细管孔隙充满水分，团粒间的大孔隙则充满空气，这样既能保水，又能透气，使根系健康生长。

土壤孔隙度是指土壤总体积中孔隙体积所占的百分率，它与土壤供水供气状况有很大的关系。土壤从降雨或灌水获得的水分，经土壤表面蒸发、剖面下渗及根系的吸收，留下的被吸持在土壤孔隙中。参见本书 139 页“土壤的水分特性”。

2. 土壤肥力的化学因素

土壤中所含的养分一是来源于岩石的化学分解，一是来源于植物残体的分解和施肥。影响土壤肥力的化学因素主要有离子交换能力、土壤酸碱度和氧化还原电位。

离子交换能力是土壤中粘粒、腐殖质以及一些其他胶体物质对离子吸附及交换的能力。土壤的阳离子交换能力用阳离子交换量来表示，交换量大，说明土壤对钾、氮、钙、镁等离子有较大的吸附量，也就是保肥力强，施肥量大也不易引起肥伤。

土壤酸碱度是指土壤中氢离子的浓度，以往通常用pH值来表示，反映土壤中氢离子和碱性阳离子的比值。强酸性的土壤中，氢离子占优势，微酸性和中性土壤受钙、镁、钾及氢离子控制，而钠离子的大量存在，就使土壤呈碱性反应。土壤酸碱度对香蕉养分的有效性影响甚大。

土壤氧化还原电位是衡量土壤通气性的指标，也决定养分的转化和有效性。氧化还原电位高时，通气性好。

3. 土壤肥力的生物因素

土壤肥力的生物因素主要是指土壤有机质和土壤微生物。土壤有机质是指土壤中来源于动植物残体的所有有机物质，包括动植物残体、腐殖质及各种简单有机物质等，是香蕉和微生物的养料源泉，参与土壤发育过程，决定土壤的生产性状，其中最重要的是腐殖质，它与土壤各种无机颗粒结合形成团粒结构，改良土壤的通气性、保水性，形成土壤颗粒吸附养分并提高保肥能力，也可缓冲酸碱性及降低有害物质的毒性。腐殖质分解矿化后可供给各种营养成分，也可作土壤微生物的营养源，有利于有益微生物的繁殖。微生物的代谢过程及产物可给香蕉提供有效养分。

（二）土壤养分的存在形态及其转化

养分在土壤中的存在分为根系直接可利用的有效态和不

能直接利用的无效态，两者可互相转化。这里主要介绍氮、磷、钾 3 种重要营养元素。

1. 氮

土壤中的氮素形态可分为有机态和无机态两类。有机氮化合物主要有蛋白质、氨基酸、酰胺等，氨基酸和酰胺类物质，是土壤中有机氮化合物的主要来源。无机氮化合物主要是铵盐、硝酸盐和少量的亚硝酸盐，是香蕉可吸收利用的氮素形态。土壤速效氮与土壤有机质含量成正比。

土壤中氮的来源主要来自有机、无机肥料中的氮，固氮生物从空气中固定的氮及溶解在雨水中的氮。氮从土壤中消失的主要途径是香蕉根的吸收、排水时硝酸盐的淋洗，反硝化作用造成氮气和氧化氮的逸失和土壤表面氨的挥发。

在氮的转化中有一些典型的过程，对氮的有效性十分重要。

(1)有机氮的氨化作用　含氮有机物经微生物的分解转化成铵态氮。

(2)硝化作用　土壤中铵态氮在微生物的作用下转化为硝态氮。

(3)反硝化作用　土壤中硝态氮在微生物作用下被还原成氨气而逸失。通常发生在土壤通气不良和新鲜有机质过多的条件下。

2. 磷

土壤中的磷有无机磷和有机磷两类化合物。无机磷化合物有磷酸二钙、磷酸三钙、磷酸八钙、羟基磷灰石、磷酸铁和磷酸铝，还有数量极少、根可直接吸收的水溶性磷，即磷酸二氢根和磷酸氢根。有机磷化合物主要为肌醇、核酸、磷脂、磷蛋白和糖磷脂类等，占全磷的 20%～30%。

磷肥中的水溶性磷进入土壤后，在土壤溶液中以磷酸二氢根和磷酸氢根的形态与钙、镁和铁等几种阳离子相遇即发生化学沉淀作用，称为磷的固定作用。多数酸性蕉园土壤主要形成磷酸铁和磷酸铝，在中性土中形成磷酸二钙及磷酸二镁。还有少数磷酸根离子被土壤带正电荷的胶体吸附，这些吸附性磷对香蕉有效，但时间长也易被固定。

固定态磷在磷细菌、有机酸及水的作用下也可转化成为有效性磷，增施有机质肥可提高磷的有效性。

3. 钾

土壤中的钾主要来自粘土矿物中钾的释放和施入的化肥和有机肥。土壤中钾有 4 种类型：即水溶性钾、代换性钾、缓效性钾和难溶性矿物钾。

钾在土壤中的转化经历着释放和固定两个作用。矿物钾在土壤中各种有机酸和无机酸的作用下，逐渐溶解依次成为缓效性钾、交换性钾和水溶性钾而被香蕉吸收，这是土壤中钾的释放过程。其逆过程就是钾的固定。构成土壤粘粒的粘土矿物的晶格，在吸水时膨胀，钾离子随水进入晶格，当土壤水分蒸发，晶格缩小，钾离子就被固定在晶格中，故土壤干湿交替次数多，钾容易被固定。

（三）土壤养分的有效性

土壤养分包含固相、液相、气相 3 部分。土壤养分绝大多数以储备的形态保持在固相中，极少数在液相中。液相中的养分可被根系直接吸收。

土壤有效养分是指根系可以吸收的那部分养分。它可分为立即吸收（速效）和可供缓慢吸收（缓效）两部分，相当于土壤液相中所含养分与从土壤固相中逐渐释放至液相中的养分。如果把供一造香蕉生长全过程中吸收的养分数量定名为土壤有效养分，则它与各种物理或化学方法测定所得的土壤有效养分是不同的，后者实际上是可提取养分，不见得能被香蕉完全吸收，我们称为“潜在有效养分”，而把前者称为“实际有效养分”。

（四）养分在土壤中的移动——质流和扩散

土壤中养分的有效性不仅与土壤中养分的存在形态有关，也与在土壤中的移动有关，养分主要通过质流和扩散实现向根际的移动。

1. 质　流

香蕉蒸腾作用必须从土壤中吸收大量的水分，溶解在土壤水中的养分随水分流动而移向根表，称为质流。养分借助质流实现其远距离移动，它与香蕉的蒸腾率和土壤溶液中养分浓度有关。

2. 扩　散

香蕉根系从土壤溶液中吸收养分，靠近根表（根圈）的养分浓度迅速降低，导致根表与土体之间的养分浓度差，离子必须由高浓度处向低浓度处扩散运动以求平衡。扩散作用受浓度梯度的影响，浓度梯度愈大，则养分向根表扩散的速率愈大，扩散的范围愈宽。浓度梯度受根系活力和土体溶液浓度的影响。另外，土壤中水分的含量对扩散作用影响也很大，土壤中离子有效扩散系数一般在 10^{-6}～10^{-7}平方厘米/秒以下。

土壤溶液中养分浓度较高时，受土壤胶体吸附较弱的离子如钙、镁、硝态氮等，在土壤中的移动以质流为主；而浓度较低时，容易为土壤固定的离子如磷、钾、锌等，则以扩散为主。养分靠质流的移动远比扩散快。

（五）蕉园的养分循环

蕉园土壤通过施肥及土壤本身养分的释放等途径供给香蕉植株有效养分，香蕉在采收后残株中部分养分也会返回土壤或吸芽（子代）中；土壤会在冲蚀和淋溶情况下损失养分，也可通过灌水或降雨获得部分养分，这些构成了蕉园养分的循环（图 6-1）。

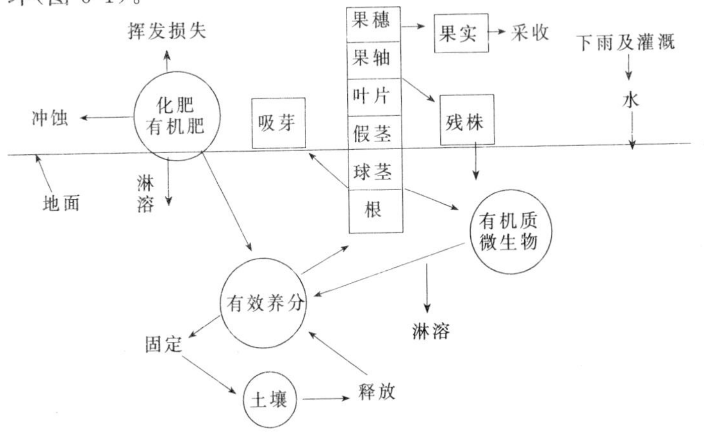

图 6-1　蕉园养分的循环示意

蕉园土壤在香蕉生长过程中提供了大量养分（表 6-5）。果实收获带走了部分养分，其余部分养分留在残株中，一是回流给吸芽，一是腐烂分解返回土壤，在宿根栽培上，养分的循环起了重大作用。另外，从雨水和灌溉水中也获得部分养分。在科特迪瓦，来自降雨获得的养分量（千克/公顷・年）为氮 42，钾 2，钙 50，镁 40，磷微量。从灌水获得的养分取决于水源和灌溉量，在集约种蕉地区，水中的氮、钾含量是较高的。

表 6-5　香蕉园每年吸收的营养元素平均量(不含根系)(千克/公顷)

元　素	50 吨鲜果取去的数量	留在植株上的数量	总　量	鲜果取去的比例(%)
氮	189	199	388	49
磷	29	23	52	56
钾	778	660	1438	54
钙	101	126	227	45
镁	49	76	125	39
硫	23	50	73	32
氯	75	450	525	14
钠	1.6	9	10.6	15
锰	0.5	12	12.5	4
铁	0.9	5	5.9	15
锌	0.5	4.2	4.7	12
硼	0.7	0.57	1.27	55
铜	0.2	0.17	0.37	54
铝	0.2	2.0	2.2	9
钼		0.0013		

注:种植密度为 2000 株/公顷,平均株产 25 千克

蕉园中养分的损失,一是果实收获带走部分养分,尤以磷、硼、钾、铜、氮、钙、镁等比例较大,氯、锰、铁、锌等比例较小,只占总量的 4%～15%;一是淋溶和冲蚀造成土壤养分的流失,这方面较难估计,但有人曾对土壤瘠薄、阳离子交换量低(5～10 毫摩尔/100 克土)、降水量大(1 400～2 000 毫米)的蕉园养分的淋溶损失情况做了 8 年记载,得出下列元素的损失量(千克/公顷·年):氮为 165,钾为 376,钙为 360,镁为 89,磷为 2.2。除磷外,这些元素损失量相当于该元素施肥量的 60%～85%,相比之下,冲蚀显得不重要,只占淋溶损失的 10%以下。但磷的冲蚀损失可达 30%～50%。氮还有由于氨的挥发及反硝化作用而损失。故在保肥力较差而降雨量大的

蕉园中，养分的损失是可观的。

（六）我国蕉园的养分含量状况

我国蕉园主要有水田、旱田、旱地3种，其分布在温度满足需要的条件下，与土壤、水利有极重要的关系，最主要的是与江河分布有关。如珠江三角洲蕉园与潭江、西江、北江、东江及流溪河有关，粤东蕉区与韩江有关，福建蕉园与九龙江、漳江、东溪、西溪等有关，云南蕉园与澜沧江、元江、李仙江、藤条江等有关，广西的北海市及南宁市的蕉园也有众多河流分布。香蕉园就分布在这些江河两岸的冲积土上，这些蕉园水位高的为水田蕉园，水位低的为旱田蕉园。还有部分旱地蕉园是在有灌水条件的山地上种植，这在海南、粤西及粤东一些地方也较成功，各种蕉园养分状况与成土母质有重要关系。几种母质形成蕉园的养分含量如下。

1. 三角洲沉积物形成的土壤

包括珠江三角洲的高中低沙区及围田，有机质含量较高（2.5%以上），速效磷含量较少（仅3～7.5 ppm），速效钾含量较高（多数在100 ppm以上，个别沙田区可达600 ppm以上），中量元素及微量元素含量也极丰富。

2. 河流冲积物形成的土壤

土层深厚，地下水位低，通透性良好，土壤养分较丰富，有机质含量中等至较高，速效磷含量较高，速效钾含量较低，土壤呈酸性反应。

3. 洪积冲积物形成的土壤

类型较多，与冲蚀的山地土壤有关。一般有机质含量中等，速效磷含量中等而速效钾含量较低（30～40 ppm），呈微酸性，土壤中硫、硼的含量较低。

4. 滨海沉积形成的土壤

刚围垦不久的蕉园，土层深厚，一般较粘重，有机质含量较高，钾含量丰富，中量及微量元素较丰富，但速效磷含量较低，含盐量较高。

5. 浅海沉积物形成的土壤

如粤西的多数蕉园，有机质含量较低，镁及钾的含量也较低，而磷含量较高，微量元素一般不缺。

6. 赤 红 壤

亚热带山地蕉园土壤多为花岗岩发育而成，少数由砂页岩发育而成。有机质含量中等，全磷和速效磷、速效钾含量均较低，有效性镁、钼含量低，多数有效性硼含量较低，少数钙含量低，土壤呈酸性反应。

7. 砖 红 壤

热带蕉园（如海南、云南）有较多的山地蕉园，土壤风化程度深，富铝化作用强，淋溶严重，呈酸性反应，土壤有机质含量不高，有效性磷、钼、硼含量低，全钾及速效钾含量也低。

四、香蕉园肥料的科学施用

（一）肥料的种类和性质

香蕉园施用的肥料主要有氮肥、磷肥、钾肥，有时也施用钙肥和镁肥及其他微量元素肥料。

1. 氮 肥

香蕉并不特别嗜好某一种氮肥，铵态氮肥、硝态氮肥、尿素均同样有效。在氮肥的选择上，主要考虑肥料的价格、土壤酸碱度及生长气候条件。目前蕉园普遍应用的氮肥主要有尿素、碳铵，其他氮肥较难购买到。

(1)尿素　占我国氮肥总量的35%～40%，是中性肥料，属有机氮肥，适宜各种土壤。尿素含氮量高达46%，肥效较迅速，施入土壤后在脲酶作用下转化成碳酸铵或碳酸氢铵。肥效快慢受土壤温度限制，一般3～7天才被根吸收。尿素转化前是分子态，土壤吸附力较强，易随水流失，转化成氨也易挥发，故要深施。另外，尿素含有少量缩二脲，对根系有毒，应避免施用过多或过于集中。在干旱条件下，尿素肥效较差。

(2)碳铵(碳酸氢铵)　占我国氮肥总产量的50%～55%，价格稍低，属铵态氮肥，含氮17%。它易溶于水，在水中呈碱性反应，易挥发，有强烈的刺激性臭味，在15～20℃的常温下较稳定，高温易分解成氨、二氧化碳和水，氨对香蕉叶片有毒。碳铵肥效快，易使香蕉生长迅速，尤其是抽蕾期容易使果轴折断，一般在低温期或营养生长期施用为宜。现有生产的颗粒状碳铵肥效较高。

2. 磷　肥

目前蕉园应用的磷肥主要有过磷酸钙、钙镁磷肥等。磷肥不仅为香蕉提供磷元素，也提供钙、镁等元素，磷肥还可作土壤改良剂，中和土壤中的铝、铁、镁等，也可降低过量镁对钾的拮抗作用，提高钾的有效性。

(1)过磷酸钙(普钙)　含有效磷12%～18%，也含有大量的钙、硫元素及少量的铁、铝等元素。为深灰色，灰白色或淡黄色粉状物，属水溶性磷肥，稍有气味，酸性较强。本身的铁、铝元素会逐渐使磷的有效性下降。适于各种蕉园尤其是中性及盐碱性蕉园施用。一般作基肥施用。

(2)钙镁磷肥　含有效磷12%～20%，还含有氧化钙25%～30%，氧化镁15%～18%，呈灰白色或灰绿色粉末，碱性，溶于弱酸，不溶于水。适应于赤红壤、砖红壤等酸性土壤蕉园作基肥施用，可提供磷、钙、镁等元素。一般作基肥施用。

3. 钾　肥

以往多用草木灰，厩肥、堆肥等含钾高的农家肥，作为钾肥来源。目前我国蕉园常用的商业钾肥主要是氯化钾，也有少量的硫酸钾、窑灰钾及生物钾等。

(1)氯化钾　是高浓度速效钾肥，含钾 60%，为白色或浅黄色结晶，有时含有铁盐而成浅红色。其物理性状良好，吸湿性小，溶于水，呈化学中性反应，也属于生理酸性肥料。长期施用会使土壤酸化，在干旱季节、排水不良、盐碱地蕉园应少用，1 次施用量也不宜过多，苗期也不宜施太多，否则易发生盐害。国产盐湖钾主要成分是氯化钾，但含氯化钠杂质较多，不适宜香蕉园施用。氯化钾可作追肥，也可作基肥施用。

(2)硫酸钾　是高浓度速效钾肥，含钾 50%并含硫 18%。它是白色或淡黄色结晶，吸湿性小，物理性状良好，施用方便，是很好的水溶性钾肥，也是生理酸性肥料，大量施用会使土壤酸化板结。硫酸钾含盐指标较低，施后不易发生盐害，特别适应于盐碱地蕉园旱季施用，但价格较高。硫酸钾可作基肥，也可作追肥施用。

(3)钾镁肥　钾镁肥是制盐工业的副产品，也称卤渣。一般含钾 33%、镁 28.7%，还有氯化钠约 30%。为白色结晶，易溶于水，吸湿性强，易潮解，勉强适于含钾镁较少的内陆性蕉园土壤雨季作追肥用，不宜于盐碱土蕉园使用。

(4)硫酸钾镁　硫酸钾镁是含钾 22%、镁 11%、硫 22%的复盐，为白色颗粒状，速溶于水。市售硫酸钾镁从美国进口(又称施宝蜜)，适用于缺钾、镁、硫的土壤，一般作追肥施用。

(5)生物钾(硅酸盐菌剂)　生物钾是利用能将土壤矿物

性无效钾转化成有效钾的硅酸盐细菌经工业发酵制成的一种生物肥料。巨微牌生物钾有两种，一种是用草炭吸附的固体肥料，呈黑色粉末状，润湿松散，无异味，每1克含细菌3亿个。另一种是乳白色、混浊、略带酸味的液体肥料，每毫升含细菌20亿个。适应于土壤有机质、速效磷含量较多的蕉园，于香蕉营养生长期施用效果好。

4. 钙　肥

除过磷酸钙、钙镁磷肥等可提供钙素外，还有以下两种。

(1)*石灰*　蕉园常用的石灰是熟石灰，也称消石灰，主要成分为氢氧化钙，呈强碱性，较易溶解。主要用于酸性土壤，调节土壤酸碱度，改善土壤结构和物理性状，并可补充钙质营养，兼作土壤消毒剂。石灰可减轻土壤中铝、铁离子对磷的固定，提高磷的有效性，并可促进土壤有机质的分解及养分的释放，残效达2～3年。

(2)*石膏*　石膏主要成分为硫酸钙，兼有改土和供给香蕉钙、硫营养的作用。滨海盐碱蕉园土壤含盐量多时，可利用石膏中的钙代换土壤中的钠，使土壤易脱盐，形成团粒结构。石膏微溶于水，宜作基肥，其后效较长。农用石膏有生石膏、熟石膏和磷石膏，前2种为中性，后1种呈酸性。

5. 镁　肥

常用的镁肥有钙镁磷肥、硫酸镁(含镁9.6%～9.8%)、白云石粉(含镁11%～13%)、氧化镁(含镁25.6%)、钾镁肥、硫酸钾镁等。在酸性土壤上施用钙镁磷肥、钾镁肥、白云石粉等为好，在碱性土壤上施用氧化镁、硫酸镁为好，用作基肥和追肥。硫酸镁易溶于水，还可用于根外追肥。

6. 复(混)合肥料

复(混)合肥料是指同时含有氮磷钾三个要素中2种以上

成分的肥料，含二要素的称二元复合肥，含三要素的称三元复合肥，它包括化学合成和机械混合两种，有效成分一般用氮(N)-磷(P_2O_5))-钾(K_2O)的相应百分含量来表示。复合肥料的肥效与等含量的单质肥料基本相同，又有2种以上主要养分，方便使用，肥料的副成分较少。但其所含养分比例固定，还不能满足各种土壤及不同生育期香蕉的养分需要，价格也较高。通过对土壤和香蕉植株养分的分析及肥料施用试验，按其氮、磷、钾比例制成香蕉专用肥(混合肥料)，可减少蕉农自己计算肥料量的麻烦，使用方便，肥效也不错，可作为蕉园的主要肥料，但蕉农还需根据自己蕉园的土壤及香蕉生长情况，用单质肥料及有机质肥来调整氮、磷、钾施用量。目前蕉园常用的复合肥为氯化钾复合肥(16-16-16)、硫酸钾复合肥(15-15-15)、磷酸二氢钾(0-24-27)、硝酸钾(13-0-46)、香蕉专用BB肥(21-4-29)等，复合肥一般作追肥施用。

蕉园常用肥料的有效成分与性质，参见表6-6。

表6-6 蕉园常用肥料的有效成分与性质

肥料名称	养分含量(%)	酸碱性	溶解性	物理性状
尿　素	氮46	中　性	水溶性	有吸湿性结块
碳　铵	氮17	弱碱性	水溶性	易潮解挥发
普通过磷酸钙	磷16～18，钙16.5～28，硫10～16	酸　性	水溶性	有吸湿性腐蚀性
钙镁磷肥	磷12～20，镁10～15，钙20～30	带碱性	弱酸溶性	—
氯化钾	钾60	中　性	水溶性	有吸湿性
硫酸钾	钾50，硫18	中　性	水溶性	—
磷酸二氢钾	磷24，钾27	酸　性	水溶性	—
熟石灰	钙64～75	碱　性	弱水溶性	有吸湿性
硫酸镁	镁15～17，硫13	中　性	水溶性	—

7. 有机肥料

有机肥是以有机物为主的自然肥料，是含有丰富有机质和多种营养元素的完全肥料，多数是人和动物的排泄物以及动植物残体。应用于蕉园的有机肥料有农家肥如人畜粪尿、厩肥、土杂肥、泥肥、绿肥、灰肥及商品有机肥料。多数有机肥料要经腐熟后使用才不会使香蕉伤根。使用有机肥料一般成本较高，但对提高土壤肥力，促进香蕉生长发育有极重要的作用。有机肥一般作基肥施用，也可在生长初、中期作追肥施用。下面介绍 2 类重要的商品有机肥料。

（1）饼粕肥　是由各种油料作物或含油较多的种子经压榨或浸提去油后剩下的残渣，如花生麸（饼）、菜籽饼、大豆饼等。养分以含氮为主，还有一定的磷、钾和微量元素，一般含有机质 75%～85%，氮 2%～7%，磷 1%～3%，钾 1%～2%。饼粕肥中的氮和磷基本上是有机态，均需土壤微生物分解后才能发挥作用，通常入土后 15～20 天即分解。最好堆沤腐熟后再施用比较安全，肥效好。饼粕肥的腐沤可在蕉园中进行，最好用大陶瓷缸或塑料缸为容器，也可在畦的行间挖一深约 60 厘米、宽约 40 厘米、长约 2 米的沟，铺上 2 米宽的农用薄膜，用泥浆封固薄膜，沟的四边应高于畦面土壤，以防雨水流入，放入 100 千克的饼粕并加水浸透，覆盖防晒防雨材料，腐沤约 50～60 天即可稀释施用。施用前 6～10 天如加入 3%EM 菌剂及适量红糖，可提高饼粕肥的肥效。

（2）腐殖酸肥料　是工业制成品，起主要作用的是腐殖酸，其次是一些氮、磷、钾等营养元素，具有改土、营养和刺激生长三大作用。目前国产的有硝基腐殖酸铵、腐殖酸铵、腐殖酸钠、腐殖酸钾、腐殖酸磷等以及进口的高美思、农宝赞等。腐殖酸肥可在土壤中施用，有时也可叶面喷施作为香蕉生长的刺激剂使用。淋土以 5～10 ppm 为宜，叶面喷施以 100 ppm 浓度为宜。

8. 叶面肥料

目前市售叶面肥料有微量元素、常量元素、常量与微量元素复合叶面肥 3 种。

(1)微量元素叶面肥　主要有锌、铁、锰、铜、钼、硼。它们多是水溶性的硫酸盐，还有水溶性的钼酸铵、硼酸或硼砂。近来用有机化合物螯合形态的微肥，施用效果更好。市售复合微肥还有蕉叶绿、植物动力 2003 等。

(2)常量元素叶面肥　香蕉叶面喷施氮素通常用尿素，磷、钾素用磷酸二氢钾，钙素用氯化钙、硝酸钙，镁素用硫酸镁，一般在苗期和抽蕾后使用。

(3)常量元素与微量元素复合叶面肥　含有氮、磷、钾、镁及硼、锌、钼等微量元素，如绿旺系列叶面肥、挪威系列叶面肥、高效营养素、大哥大叶面肥等。

(二) 香蕉的施肥量

1. 影响香蕉施肥量的因素

香蕉的施肥量是一个复杂的课题，既受香蕉本身因素的影响，也受下列土壤、肥料、气候、栽培以及经济效益等因素的影响。

(1)香蕉的需肥特性　生产一定量的果实，需要一定数量的养分用于植株及果实的生长。通常生产每吨蕉果植株需吸收氮 5～6 千克、磷 1 千克、钾 18～23 千克(见表 6-4)。这些养分除一部分由土壤提供外，就要靠施肥。施肥多少，与目标产量、生育期、造别等有关。目标产量 45 吨/公顷的比 30 吨/公顷的施肥要多些，以缩短生育期为栽培目的的施肥也应多些，新植蕉比宿根蕉、正造蕉比雪蕉施肥量多些。

(2)土壤肥力　包括土壤生产能力(地力)、土壤的供肥性、保肥性等,良好的地力是获取香蕉高产优质的基础。有些土壤通过施肥可获 60 吨/公顷的产量,而有些只能获 30 吨/公顷的产量。含砂较多的土壤,保肥性差,养分易淋溶损失,施肥量应多些;酸性土壤施磷量也应比中性土壤多些,因磷在酸性条件下易被固定。

(3)肥料与香蕉的价格　一般肥料价格低而香蕉价格高,蕉农会乐意多施些肥料,尤其是有机肥料。如果每千克蕉价在 0.7 元以下,蕉农就无利可图。此外,蕉农的资金量与投资风险意识也影响施肥量。

(4)施肥方法　施肥的方法也影响肥料的利用率。肥料深施比撒施、叶面喷施比土施、根区施肥比根系外缘施肥、配合生长施肥比不配合生长施肥的肥料利用率高。

(5)田间管理　影响根系生长与吸收功能的栽培措施如土壤管理、水分管理、病虫害防治、除草等,也影响肥料的利用率。

(6)气候因素　雨水和气温适中,有利于有机肥的分解释放、养分的转化和在土壤中的移动及根的生长与吸收。雨水均匀,气温暖和,可少施肥料。雨水太多,养分流失严重;干旱也不利于肥料的溶解、扩散及根的吸收,甚至会造成肥伤;冬季低温、干旱,多施肥料香蕉也难以吸收。

2. 香蕉施肥量

以上提到的影响香蕉施肥量的因素很多,因此,各国各地各品种具体的施肥量差异很大(表 6-7)。我国许多肥料试验和生产实践中得出的蕉园施肥量差异也很大。华有群(1990)

表 6-7 不同国家或地区蕉园施用氮磷钾的比率 （千克/公顷·年）

国家或地区	品种	氮	磷	钾
澳大利亚(新南威尔士)	威廉斯	180	40～100	300～600
澳大利亚(北部地区)	威廉斯	110	100	630
澳大利亚(昆士兰)	门斯马利	280～370	70～200	400～1300
加那利群岛	矮干香牙蕉	400～560	100～300	400～700*
加勒比海岛屿	茹巴斯打、波约	160～300	35～50	500
哥斯达黎加	伐来利	300	—	550
洪都拉斯	伐来利	290	—	—
印　度	茹巴斯打	300	150	600*
印　度(阿萨姆)	矮干香牙蕉	600	140	280*
以色列(海岸平原)	威廉斯	400	90	1200*
以色列(约旦河谷)	威廉斯	400	40	—*
科特迪瓦(阿扎吉埃)	大矮蕉	110	—	190
科特迪瓦(尼凯)	大矮蕉	180	—	310
牙买加	伐来利	225	65	470
中国台湾省	仙人蕉	400	50	750

*每年还要施相当数量的农家肥　（唐开学、张显努合译《香蕉高产施肥》）

在湛江市较瘦瘠的旱坡地上用浦北矮香蕉为试验材料，认为株施肥量为氮 200 克、磷 100 克、钾 300 克已足够，可获得 45 吨/公顷的产量。肥料再增加，植株增粗，鲜茎叶重增加，但果实产量提高不多。李如平(1991)用广西浦北矮香蕉在有机质和氮、磷含量较高，钾含量较低的杂沙泥壤田试验，认为最佳施肥方案为每株施化肥量为氮 690 克、磷 35 克、钾 1 200 克，外加土杂肥 50 千克，可获得 38 吨/公顷的产量。周修冲等(1990)在土壤肥力水平较高的土壤上试验，认为中高产(30～45 吨/公顷)香蕉施肥量(千克/公顷)为氮 600～900、钾900～1 200，相配搭的磷肥为 210～240。高州农业局(1987)对高州曹江高产蕉施肥调查，密度 1 800 株/公顷，每株施肥量为氮

900 克、磷 720 克、钾 960 克，株产达 32.5 千克，每公顷产量达 58.5 吨，其中有机肥的氮素占总氮量的 74.7%。广东省果树研究所 1985～1987 年在高州市良种繁育场的香蕉品种试验中，每造平均施肥量（千克/公顷）为氮 1 275、磷 397、钾 1 208，有机肥中氮素占总氮素的 26%，多数品种三造平均每造产量达 52.1～61.7 吨/公顷。

香蕉施肥量的田间试验主要集中在氮、钾肥上，广东省农科院土肥所对氮、钾肥研究较多，在高州、中山、四会及惠阳试验点试验，土壤速效钾含量 40～60 ppm，在平均每公顷施氮 840 千克及磷肥 210 千克的条件下，配施钾肥 600，900 及 1 200千克/公顷，第一造 6 个试验点结果平均，不施钾肥的产量为 14.67 吨/公顷，配施钾肥的产量分别为 23.04，24.07，25.49（吨/公顷），较不施钾肥的增产效果明显。

香蕉施钾肥必须与施氮肥配合，高施钾肥在高施氮量的情况下更有增产潜力（表 6-8）。每公顷 1 200 千克的施钾量并不是最高施量，如再增施钾肥，产量仍可能增加。同样，增施氮肥也须配合增施钾肥，在施钾 600 千克/公顷时，施氮 1 200千克/公顷比施氮 900 千克/公顷的减产，而在施钾 900

表 6-8　四会试验点不同施钾量对香蕉产量的效应　（吨/公顷）

施氧化钾（千克/公顷）	施氮 900 千克/公顷		施氮 1200 千克/公顷	
	产量	增产	产量	增产量
0	15.15	0	15.75	0
600	26.1	10.95*	24.45	8.7
900	27.3	12.15*	28.95	13.24*
1200	30.15	15.0**	32.85	17.1**

*表示 LSR 法测定差异显著，**表示 LSR 法测定差异极显著

（广东省农科院土肥研究所资料　1987）

千克/公顷和1 200千克/公顷时，施氮1 200千克/公顷与施氮900千克/公顷的各增产1.65吨/公顷和2.7吨/公顷。另外也可看出，增施钾肥的效益比增施氮肥的大。

土壤的特性影响肥效，在阳离子代换量(CEC)为5.64毫克当量/100克的高州点，每公顷施钾1 200千克比施钾900千克的减产，而在CEC为20.5毫克当量/100克的中山点结果则相反；在CEC高的中山点每公顷施氮900千克比施氮600千克的增产，而在CEC低的四会点和惠阳点，都不增产，甚至减产。这说明并不是所有土壤都可以通过增施化肥来提高产量，增施化肥必须配合增施有机肥，以提高土壤的阳离子代换量等来增加产量，否则易出现肥伤或者大量元素与中量、微量元素间的不平衡而减产。

从多个香蕉田间施肥试验与生产实践总结看，鉴于我国蕉园土壤普遍有机质、钾的含量不高，对土壤肥力中等、中干品种新植蕉的化肥施用量可参考表6-9。另外，还需外加有机质肥，中低产蕉可加0.5千克花生麸(饼)，高产蕉要加1千克以上

表6-9 新植春蕉施肥推荐量 (单位:克/株)

目标产量(千克/株)	15	20	25	28
氮(N)	230	345	460	460
折合尿素	500	750	1000	1000
磷(P_2O_5)	80	120	170	170
折合普钙	500	750	1000	1000
钾(K_2O)	300	450	750	900
折合氯化钾	500	750	1250	1500
花生麸(饼)	300	500	1000	1500

花生麸(饼)或相当肥效的农家肥等。矮干品种可比表 6-9 施肥量低 10%,高干品种则要高 10%。磷、钾肥的施用量还须根据各蕉园土壤中有效磷、钾的含量适当调整。宿根蕉施肥量可减少氮肥 10%,磷肥 40%～50%,钾肥 20%～30%。

很多蕉农关心施肥中氮磷钾三要素的比例,其实这是一个很复杂的问题,因为香蕉栽培是土培而不是水培,施肥受土壤因素影响很大。土壤本身也有不同的养分含量。不同的土壤类型、不同的季节、不同的品种、不同的茬数,应该有不同的施肥比例。目前有些按一定比例配成的香蕉专用肥,比普通复合肥有增产效应,但最好还是按测土及叶片分析结果来指导施肥为佳。

中量元素钙、镁、硫肥的施用:一般在土壤含量不丰富时要强调施用。酸性红壤土、赤红壤、砖红壤土可施熟石灰 1 500～2 000 千克/公顷,沿海盐碱性蕉园可施石膏 1 000～1 500千克/公顷,缺镁较严重的蕉园可施硫酸镁或硫酸钾镁 375～750 千克/公顷。在土壤必需元素含量不很丰富的蕉园,不能长期单一施用高效复合肥,应根据土壤养分状况,用单质肥料自配复合肥,既可节省成本,又可保证养分的均衡。

微量元素通常在出现缺素症时才施用,山地蕉园常需补充锌、硼元素,多数以叶面肥的方式喷施。

要达到香蕉的高产或超高产,单靠增施化肥通常不能如愿,有时反而会减产,必须配合增施有机肥,提高土壤地力,才能提高产量和质量。在土壤较肥沃的珠江三角洲,高产蕉园常每株施花生麸(饼)1 千克以上,有的施 2 千克,产量可达 60 吨/公顷,有些可达 75 吨/公顷,且香蕉指长,颜色美,以特级蕉作为近销(深圳、广州)蕉销售,价格比一般蕉高 50%以上,经济效益十分显著。

粉蕉、大蕉的施肥量更受土壤肥力的影响。在肥沃的土壤上，粉蕉的施肥量不大，主要是粉蕉、大蕉根系较发达，吸收养分能力很强，可以进行掠夺式栽培(降低地力)，但在瘦瘠的旱地，要获高产，就要施较多的肥。施肥量接近香蕉，有时甚至比香蕉还要多。

3. 香蕉营养丰缺的化学诊断与计量施肥

香蕉营养丰缺，有少数元素如氮素较易看到，而多数养分在一定量的缺乏或过剩时并未显症，但已对产量和质量产生不利影响，等到出现症状时已相当严重，这时施肥可能过迟或难以吸收，况且多种缺素症很难判别，故单靠感官判断来决定施肥是不够的。目前有两种常用的化学诊断测定方法用来进行香蕉营养诊断，可作为是否需要施肥的依据。

(1)叶片分析测定法　就是利用叶片诊断香蕉植株的营养状况。通常取营养生长后期的第三片叶中部靠近柄脉部分10～20 厘米宽的叶片，每个蕉园采样 25～30 株进行分析。叶片分析结果各国的标准值不一致，如印度株龄 6 个月的叶片，适宜值为氮 2.8%，磷 0.35%，钾 3.1%；澳大利亚推荐的标准值为氮 2.8%～4%，磷 0.2%～0.25%，钾 3.1%～4%。我国台湾省北蕉抽蕾期的叶片适宜标准为氮 3.3%，磷 0.21%，钾 3.6%。哥斯达黎加、洪都拉斯两国蕉园叶片含钾量在 3%以下，每株施氯化钾 567 克，含钾在 3%～3.25%，每株施氯化钾 283.5 克，超过 3.25%则不施钾肥。广东省农科院土肥所对珠江三角洲香蕉钾肥研究分析后认为，叶片钾的适宜值为钾 4.2%～4.8%，钾氮比为 1.4～1.7，钾的缺乏值为 4%以下，钾氮比为 1.1 以下。这些数值比国外的高，可能在亚热带气候条件下香蕉需要更多的钾，各地应根据当地的气候、土壤、品种、生长期，通过试验定出适合的标准值来指导施肥。

(2)土壤分析法　分析土壤中有效养分的含量，是了解土壤供肥力的有效方法，对新植蕉园意义尤为重大。一般土壤分析项目包括土壤质地、酸碱度、阳离子代换量及有机质、全氮、全磷、全钾、速效磷、速效钾的含量等，还配合了解土层的深度、水位。这些项目中对施肥量影响较大的主要是磷和钾，这两种元素如含量丰富可不施肥或少施肥。土壤中速效磷在 20 ppm 以上，速效钾 300～350 ppm 的可不施磷、钾肥或于孕蕾期施用少量，而氮含量不管多高，一般均要施氮肥。中南美洲商业性蕉园根据土壤分析，不施磷肥，钾的含量分为 5 级，含钾在 150 ppm 以下的蕉园必须施钾肥。有的研究认为，土壤中氧化钙∶氧化镁∶氧化钾为 10∶5∶0.5 是良好的比例；如氧化镁与氧化钾的比值小于 4，就容易出现缺镁症；如高于 25，就会出现缺钾现象，这是镁、钾之间的拮抗现象。如能分析土壤中镁、钙、硫、硼、锌等元素含量更好，或者到当地农业部门咨询土壤养分含量情况。

植前的土壤分析，仅是判断土壤养分状况的初步依据，目前还没有土壤养分含量与产量相关性的试验，国内外施肥试验也没有按测土施肥的做法将肥效和测土相结合，在各个养分丰缺等级内提出适宜的施肥量。表 6-10，表 6-11 是中等产量田速效磷与速效钾的施用量参考值，蕉农还需根据不同土壤类型、养分含量及土层厚度等增减施肥量。

表 6-10　土壤速效磷含量等级磷肥施用量

（千克/公顷）

速效磷(ppm)	2～5	5～10	10～15	15～20	20 以上
施磷量(P_2O_5)	420～300	300～200	200～120	120～80	80～0
折合普钙	2470～1765	1765～1176	1176～760	760～470	470～0

表 6-11　土壤速效钾含量等级钾肥施用量

（千克/公顷）

速效钾(ppm)	20～50	50～100	100～150	150～300	300以上
施钾量(K_2O)	1500～1200	1200～900	900～600	600～150	150～0
折合氯化钾	2500～2000	2000～1500	1500～1000	1000～250	250～0

4. 施肥时期与次数

从香蕉需肥特性来看，营养生长期吸收量较少，约占20%左右，孕蕾期吸收养分较多，占40%～50%，果实发育期吸收养分占30%～40%。从土壤供肥特性来看，肥沃的土壤中的养分大多可满足香蕉大部分养分的需要，尤其是生长初期及后期，但在生长旺盛期，土壤中含量相对较少的元素如钾、氮常显不足。而在瘦瘠的土壤中，许多元素在香蕉生长后期就显缺乏，需要施肥。从肥料在土壤中的贮存转化来看，磷肥易被土壤吸收固定，有效性差，但后效长，可达2～3年，因此作基肥施用为宜；钾肥后效可达几个月，可作基肥和追肥；而氮肥在土壤中保存较困难，一般后效约20天左右，宜作追肥。以改良土壤为主的肥料如有机肥、石灰，也以定植前施用为好。施肥的目的是解决土壤及香蕉对养分的供需矛盾，根据上述因素，氮肥应按需施肥，营养生长期、孕蕾期和果实发育期各占总施氮量的30%、40%和30%，抽蕾期20天左右不要重施氮肥，幼果期可攻氮，但收获前应控氮。磷肥作为储备性施肥，可全作基肥，也可一部分作基肥，一部分结合有机肥或以复合肥的形式作追肥，抽蕾后一般不要施磷肥。钾肥主要按需施用，部分可作储备性施肥，营养生长期、孕蕾期、果实发育期施用各占总钾肥量的30%、45%、25%。保肥性好的土壤，钾肥施用可略提前于需要。在一般的香蕉高产栽培中，十分强调花芽分化肥的施用，以求获得更多的果数；在优质高产香蕉的栽培中，更重视果指的长度与大小，即在孕蕾后期(果数已确定)至果实发育初期的施肥。

施肥的次数，主要与土壤保肥性(土壤质地)、施肥方法、肥料后效及香蕉生长情况有关。保肥性好的每次施肥量可多些，如阳离子代换量大的粘壤土，相反，含砂较高的砂质土，每次施肥要少些，次数宜多些。氮肥比钾肥次数宜多，磷肥次数宜少。试管苗定植的比吸芽苗或宿根蕉施肥次数要多些。试管苗定植后苗期 2 个月内可 10～15 天施氮肥 1 次，共 4～6 次；定植后 2 个月至抽蕾期 15～20 天 1 次，共 5～6 次；抽蕾后可 15 天 1 次，共 4 次，累计共施 12～16 次。如孕蕾期至幼果期采用淋施的方法，应 10～15 天 1 次。磷肥的施用，可基施 1 次，植后 2 个月、3 个月各 1 次，共 3 次，用含磷复合肥追肥的次数可多些。钾肥的施用，基施 1 次，植后 2 个月每 15～20 天 1 次，植后 2 个月后至幼果期可每 20 天 1 次，共 7～8 次。幼苗期和中后期采用淋施的，次数应多些。速效有机肥 3～4 次，每次施腐熟花生麸(饼)0.15～0.25 千克，基施 1 次，以后约每 2 个月施 1 次。迟效性有机质肥可施 1 次作基施。如果把上述各种肥料分开施，就显得很繁琐，可将部分单质肥改为复合肥，适当缩短钾肥的施用间隔，增加磷肥的施用次数，或者初期将尿素、氯化钾与复合肥相间施用，中期尿素、复合肥、氯化钾相结合。但从根的特性及生产实践来看，在保证各生长期所需养分量的情况下，如果劳力许可，香蕉施肥几乎是次数越多越好。

5. 香蕉施肥方式

香蕉施肥的方式依地势、土壤特性、根的生长、水分管理及气候等因素而定，一般苗期宜淋施与穴施、沟施相结合；营养生长期以穴施或沟施为主，配合淋施；花芽分化肥以洞施为主，配合淋施；孕蕾期至幼果期以淋施为主，配合撒施及叶面喷施。

(1)基施　将肥料在定植前放入定植穴。基施一般为有机肥、磷肥及部分钾肥。旱地蕉园施肥因受雨水限制，也可把相当部分磷、钾肥基施。但要注意有机肥要充分腐熟并与土壤混匀，化肥要深施，至少在畦面30厘米以下，以免定植时根系直接接触肥料或植穴渍水致使肥液伤根。基施可用普钙或钙镁磷肥0.25～0.5千克，氯化钾0.15～0.25千克，土杂肥20～25千克或饼粕0.25千克，深施于植穴60厘米×60厘米范围内。熟石灰可施于畦面土层。对于未腐熟的有机肥，可深施于离苗40厘米处的外围。

(2)穴施　在离蕉头35～100厘米处用锄头挖穴，穴深10～20厘米，大小视肥料种类与数量而定，将肥料放入穴内并覆土。穴施一般用于营养生长期的根系边缘追肥，伤根较少，肥料不易流失，但肥效稍慢。每穴最多可施尿素和氯化钾各50～100克或三元复合肥200克。穴的位置应不断变换，并逐渐远离蕉头。

(3)沟施　在离蕉头35～90厘米处挖1～2个弧形小沟，长35～50厘米，深10厘米，宽与锄头宽度相当，将肥料均匀施在沟内，再覆土。一般用于营养生长期尤其是宿根蕉早春的根系边缘施肥，也可用于未腐熟有机肥的施用。因沟的面积较大，施肥量可比穴施多。

(4)洞施　在离蕉头40～80厘米处用蕉锹打洞，深约15～20厘米，放入肥料，用脚踩封。为防伤根，离蕉头近处施肥量少些，每洞20～50克化肥，离蕉头远处可重施，每洞可放化肥50～100克，每株可打洞8～10个，每株1次最多可施复合肥和氯化钾各500克。该法尤其适合无灌溉条件的蕉园或花芽分化肥的化肥重施。洞愈多，伤根愈少。

(5)撒施　将肥料撒施于畦面上，一般在雨季根系上浮时，地面仍潮湿或下着小雨，土壤表面不板结，肥料可顺利下渗，但要特别注意施肥量不宜过多，成株蕉每株不要超过尿素和氯化钾各75克，或复合肥200克，尤其靠近蕉头处的肥料不宜过多，否则易伤根。该法适宜于速溶肥料的追肥。石灰、草木灰等肥料也常撒施，撒施后根的吸收面广，肥效快，省工，但肥料利用率不高，也易造成肥伤。在晴天撒施肥料后淋水，溶肥下渗土层，也相当于淋施，效果也很好。

(6)淋施　将肥料溶于水中，稀释后淋在根区处，主要用于苗期和中后期的追肥，效果最好，但花工多，一般适宜速溶肥料如尿素、碳铵等及一切液体肥料的施用。复合肥较难溶，大面积淋施时影响工效，可将肥料袋打开放一些时间预湿，手捏即散时就可溶于水中淋施。水田香蕉淋施较方便，2人1组，每人各用1桶，1人取水并加肥，1人淋施，工效更高。淋施的肥效快，肥料省，是达到高产优质的重要施肥方法。但肥料直接接触根系，浓度一定要掌握好，一般尿素为0.2%～0.5%，碳铵为0.4%～0.8%，氯化钾为0.2%～0.4%，磷酸二氢钾为0.1%～0.3%，三元复合肥为0.2%～0.6%，沤熟饼粕水为1%～2%。潮湿土壤可稍浓些，若几种肥料合施，则各肥料浓度要按比例减少。苗期施肥液每株2～5升，成株蕉则要施20～25升。淋施的用肥量较少，施肥间隔要短，约8～10天1次。

(7)叶面喷施　将肥料溶于水，对叶片喷雾，也称根外追肥。一般适宜于苗期微量元素施肥及挂果期的大量元素施肥。目前市面上有许多含氮、磷、钾及微量元素的叶面肥，如蕉叶绿、大哥大叶面肥、绿旺、挪威系列叶面肥等。肥效快，肥料利用率高，但花工大。

6. 施肥位置及每次施用量

香蕉施肥位置与施肥方式有关，由于香蕉根的生长特性及需肥特性，其施肥位置不同于其他果树。所谓的“滴水线”施肥，在香蕉生长初期还可使用，在中后期就不合适了。磷钾肥靠扩散的方式进入根圈土壤，移动速度极慢，应施在根系大量分布的地方，而且最好是施在该区整个土层为好，基施和淋施可达到这个目的。穴施、沟施最好在根系即将生长达到之前施用，位置要逐渐远离球茎，以免伤根。离蕉头较远(超过1.2米)的地方，土壤中虽有根的分布，但较稀疏，这些地方施肥肥料利用率不高，但较安全。

每次的施肥量，既要考虑香蕉植株的需要又要顾及土壤的保肥性，否则易出现肥伤。出现肥伤与下列因素有关：第一，土壤阳离子代换量。施入土壤的阳离子肥料超过土壤的阳离子代换量，肥料就不能全部被土壤胶体吸附而有部分溶解在土壤溶液中。溶液中的浓度过高，就会对根构成伤害，故阳离子代换量较低的砂质土，每次的施肥量不宜过多；相反有机质含量较高、土壤质地较粘重的土壤，每次施肥量就可多些。第二，土壤本身养分含量对施肥量也有影响。如土壤含有效钾量很高，再大量施钾肥，就容易发生肥伤。第三，施肥的面积。穴施的施肥面积小，大量的肥料在肥穴中，就会形成肥穴养分浓度极高，肥穴的根会被毒死或使新根无法向该穴区生长。如果把同一数量的肥料施到植株范围内的整个土层，肥料就会被大大地稀释。第四，土层深度。耕作层土壤深厚的，可以接受容纳肥料的土体就多。如把肥料撒施于畦面，要比把肥料淋施于整个耕作层容易出现肥伤。第五，肥料的性质。有些肥料较容易引起根系伤害，如含盐指标较高的氯化钾比含盐指标较低的硫酸钾容易出现肥伤，含缩二脲浓度较高的尿素及含氯化钠浓度较高的盐湖钾肥，施用未腐熟的有机肥以及一些微肥如硼肥、锌肥等也容易出现肥伤。第六，施肥的位置。远离蕉头位置，施肥量可重些。

总之，蕉农必须根据自己蕉园土壤、肥料的种类及施肥技术确定每次的施肥量。笔者曾经在花芽分化开始期用洞施方法（打洞 10 个）每株一次性施用俄罗斯复合肥 500 克和氯化钾 500 克，而未出现肥伤。

香蕉施肥过多出现的肥伤，依生长期与肥伤轻重出现的症状有所不同。苗期尤其是试管苗对肥料较敏感，轻者叶片暂不抽生或抽生缓慢，叶尖叶缘枯死；重的死根，生长点坏死而出现枯心，球茎内部出现黑变，甚至叶片枯黄，全株死亡。中后期肥伤，轻者不易察觉，表现叶片光泽减少，生长速度减慢，根系及叶片寿命短，假茎纤细，抽生的花蕾细小，果实产量低、质量差；重者根系变黑枯烂，老叶枯黄，青叶数少，甚至整株枯死。以高温干旱期出现的肥伤较严重，较难抢救。肥伤后应及早抢救，可以在根区淋霜炭清、多菌灵等内吸性杀菌剂，并连续几天淋水洗肥，叶片喷水保湿。有时香蕉吸收某些营养元素过多而出现的中毒状的肥伤，应尽快减少该元素的土壤供应。

7. 降低肥料成本的方法

香蕉属最高施肥量作物，肥料投入占生产成本很大的比例，如广东省中山市一些蕉园每株肥料投入达 12～15 元，有的甚至达 20 元。这些投入对无风害冷害的年份及蕉价较好的地区是值得的，往往可获得 40 千克/株的产量及 60～80 元/株的产值。但对于蕉价不高的地区、资金有限的蕉农及灾害较多的季节年份，应尽量用最低的肥料成本投入获取最大的经济效益。节省肥料成本投入的措施有以下几种，通常投入2～3元/株的化肥，可获得15～25千克/株的产量。

第一，选择土质较肥沃的土壤建园。土壤有机质含量多，质地疏松，土层深厚，可使根系生长良好，减少有机肥的施用量，提高化肥的利用率。

第二，不要把目标产量定得太高，以15～25千克/株为宜，尽量利用地力。减少因目标产量太高而大量施用肥料造成的浪费。

第三，不要施用商品复合肥，用单质肥料如碳铵(或尿素)、普钙(或钙镁磷肥)、氯化钾自配复合肥，也可试用价格较低的生物肥料如生物钾。

第四，种植面积小、离村庄较近者，多施用农家肥、土杂肥等，既有利于香蕉生长，又可减少购买商品肥料的资金。

第五，多采用淋施和叶面喷施的方法施肥，提高肥料的利用率。如尿素淋施比撒施可节省用肥1/3，叶面喷施的效果可达土壤施肥的几倍至几十倍。

第六，适当提早施用肥料，孕蕾前应把80%的肥料施下，尤其是雪蕉，抽蕾前应把肥料基本施完，挂果期的生长利用土壤中的养分及肥料的残效。

第七，注意排灌及土壤管理，以水养肥，培养发达的根系，以减少杂草及土壤冲蚀与养分的淋溶。

第八，合理密植，宿根栽培，及时除芽，适时留芽，及时进行病虫害防治与防风，适当使用植物生长调节剂。

五、植物生长调节剂的应用

调节控制植物生长发育的物质，称为植物生长调节剂，它分为两大类型。一类是植物激素即植物体本身产生的一类活性物质，重要的有生长素、赤霉素、细胞分裂素、乙烯和脱落酸5大类。另一类是人工合成的植物生长调节剂，具有与植物激素类似的生理效应，也能对植物的生长发育起重要的调节作用。

使用植物生长调节剂的效果，首先与温度、湿度、光照等环境条件有密切的关系。一般温度高效应强，湿度大效果也好。光照有利于生长调节剂在植物体内的传导，但强光会使药液喷洒后很快干燥，不利于吸收，反而影响应用效果，有时会造成药害。风速过大及喷洒后不久遇下雨，均会降低应用效果。其次，与栽培措施也密切相关。植物生长调节剂不是营养物质，不能代替肥、水、温、光等要素，只有配合相应的农业措施，才能取得较好的效果。一般生育状况良好的植株，应用效果较好。另外，使用时期和使用浓度也很重要。

植物生长调节剂在香蕉生产上已有一些探索和应用。蕉农在使用时应严格掌握使用浓度和喷施方法，最好先进行少量植株试用。广东省农科院果树研究所香蕉研究室配制的香蕉丰果素，对增长蕉指，提高产量，效果十分显著。还有福建的香蕉增果灵、香蕉催长素、壮果灵、复方香蕉壮果素2号、快丰收等，广东的香蕉丰满剂、香蕉肥大素等。但这些药剂多数为中试产品，未经农药登记，效果不很稳定，蕉农可选择试用。也可将2种合用。据报道用5～8 ppm 2,4-D加0.25 ppm增果灵，5～8 ppm 2,4-D加250 ppm快丰收于刚断蕾和断蕾后6天各喷1次；或用335～375 ppm壮果灵加0.2%～0.25%复方壮果素于断蕾前3天及断蕾后3天各喷1次，增产效果显著，高的可达25%。其他药剂合用前蕉农需先行试验，然后再大面积应用。不是药剂越多越好，许多药剂可能主要成分相同，合用时会增加某些成分的浓度。果穗喷施植物生长调节剂可以使果指增长，产量增加，但也会使梳形不好。另外，这些药剂是否对人体健康有影响，也未经证实，如出口日本的香蕉是禁用 2,4-D 的。

下面介绍几种香蕉常用的植物生长调节剂。

（一）萘乙酸（NAA）

该剂目前多用于组培快速繁殖苗，尤其是试管苗的生根培养，一般用 0.5～2 ppm 浓度。试管苗假植前用 20～30 ppm 的萘乙酸浸一下苗，对提高苗的成活率及对苗的生长有好处。营养生长后期及孕蕾期，叶片喷 25～100 ppm 萘乙酸可增加产量，果实五成肉度时用 0.1% 萘乙酸加 1%的尿素，可使果指增长、增粗、增产，但延迟收获期。萘乙酸通常有 99%粉剂、5%水剂和 70%钠盐 3 种剂型。

（二）2,4-D（2,4-二氯苯氧乙酸）

2,4-D 包括 2,4-D 及其钠盐、胺盐和酯类。其剂型有 80% 2,4-D 可湿性粉剂，72% 2,4-D丁酯乳油，0.5% 2,4-D 胺盐，5.5% 2,4-D 胺盐水剂，90%及 99% 2,4-D 粉剂，还有一定含量的片剂、针剂。2,4-D 是活性极强的植物生长调节剂，高浓度用作除草剂、蕉株清除剂及吸芽除芽剂。有时也用作蕉指增长剂，一般使用浓度为香蕉 4～6 ppm，大蕉 8～10 ppm，于断蕾期到果实三成肉度时喷果穗。但极容易出现药害，使果指不能正常上弯，排列不整齐，必须严格控制使用浓度及喷药量。蕉果催熟时果柄涂或浸 30 ppm 2,4-D 液可延缓断指时间，但催熟时间长 0.5～1 天。

（三）防落素（对氯苯氧乙酸）

防落素能促进作物生长，防止落花落果，加速果实的生长，增加产量及改善品质。对香蕉常用1～3 ppm的防落素液喷刚开花的幼果，尤其要在花新鲜时喷施，可使花柱长时间保持新鲜，果指增长。防落素的使用效果基本上与2,4-D相似，但不易出现药害。防落素有98%粉剂、95%可湿性粉剂、0.25%可湿性粉剂等，还有1%、2.5%、5%水剂。98%粉剂不溶于水，使用前先用少量酒精溶解或用氢氧化钠溶液滴定溶解，加水稀释。

（四）赤霉素（九二〇）

赤霉素对香蕉具有刺激伸长生长的作用，植株喷淋赤霉素，增高作用十分明显，一般不宜采用。开花（幼果）期，果穗喷50～100 ppm赤霉素，对幼果促长有作用，但不及2,4-D显著；果实六成肉度时喷200 ppm赤霉素，可使果实增产，但颜色稍差；果实贮藏时加10～100 ppm赤霉素也可延长保鲜时间。赤霉素有85%粉剂、85%水溶性粉剂、4%乳油，前者要先用酒精或烧酒溶解再加水稀释，后两者可直接加水稀释，稀释液不宜久放。

（五）6-苄基氨基嘌呤（6-BA）

6-苄基氨基嘌呤是一种细胞分裂素类植物生长调节剂，具有促进细胞分裂扩大，诱导芽分化及延缓衰老的作用。在香蕉组织培养上用于分化培养基中，可促进不定芽的增殖，浓度为3～8 ppm。对刚开花的幼果，也有增长增粗作用，浓度为20～40 ppm。

6-苄基氨基嘌呤一般为95%粉剂，不溶于水，使用前先加入少量1%稀盐酸溶液，搅拌至溶解，再加水稀释到所需浓度。因其在植物体内不易运转，使用时应将药液直接施至作用部位。

（六）乙烯利（一试灵）

乙烯利被植物体吸收后，由于细胞液的pH值在4.1以上，分解释放出乙烯，对植物组织产生各种生理作用。虽然有报道生长期喷100～500 ppm乙烯利液可使香蕉提早开花及刺激吸芽生长，但会造成减产，不宜应用。乙烯利主要用于香蕉果实的催熟（参见本书172页“香蕉的催熟”）。乙烯利一般为40%水剂。

（七）多效唑（PP_{333}）

多效唑主要是通过干扰、阻碍植物体内赤霉素的生物合成，降低体内赤霉素水平来减慢植物生长速度，抑制茎干伸长，控制树冠。使用多效唑可使香蕉植株矮化，叶片短阔、厚、绿，增加抗性，但会降低产量和质量。在组培苗的生根和假植时，可使苗矮化，叶厚而绿，叶龄正常，提高苗的假植成活率，但极易与矮化变异苗混淆，不易辨别。一般香蕉不用多效唑，粉蕉、大蕉、龙牙蕉组培苗应用效果较好，假植期用20 ppm多效唑每株3毫升液淋苗即可。施用多效唑过量可用赤霉素解除药效。

（八）复硝钾（802）

复硝钾是一组有一定含量比的硝基苯酚钾化合物，为茶褐色液体，易溶于水，多用于叶面和果穗喷施，也有用于淋根的。一般浓度为5%复硝钾4 000～6 000倍液，对促进香蕉生长，增加产量及提高品质有一定的效果。现在有一种复硝铵，与肥料混施可作为肥料增效剂，与农药混合也可作为增效剂，喷施用2.5%复硝铵3 000倍液。

（九）三十烷醇

三十烷醇是含有30个原子长链的饱和脂肪醇，对作物有增强光合作用，促使根系发达，提高产量和质量的作用，但效果很不稳定。一般使用浓度为0.2～1 ppm，喷施香蕉叶片和果穗一般每15升水加2毫克含量的针剂1支，也可加入其他肥料和农药及植物生长调节剂。

（十）爱多收

爱多收主要成分为单硝化愈创木酚钠，对促进作物生根、营养生长、提高产量和质量有一定的效果。香蕉叶面和果穗喷施一般用1.8%的爱多收5 000～10 000倍液，淋根用20 000倍液。

六、植物生长调节剂及肥料农药溶液的配制

（一）用稀释倍数来表示

如配制40%乙烯利800倍液10升，10×1000÷800＝12.5(毫升)，只要用小量筒量取12.5毫升40%乙烯利，加10升清水即成。粉剂药物单位用克，需用天平称药，如配制50%多菌灵1 000倍液15升，称取15克50%多菌灵，加15升清水即成。

（二）用ppm浓度来表示

要先算出所需药剂的用量（粉剂用克、水剂用毫升表示），其计算公式为：

$$药剂用量=\frac{配成药液的毫升数\times ppm浓度}{药剂的有效含量\times 1000000}$$

如配制10升500 ppm的乙烯利液，需40％的乙烯利药剂为：

$$\frac{10\times 1000\times 500}{40\%\times 1000000}=\frac{10000\times 500}{400000}=12.5(毫升)$$

配制15升100 ppm的赤霉素液，需85％赤霉素粉剂为：

$$\frac{15000\times 100}{850000}=1.765(克)$$

简易的记忆方法是：分子是配成药液的毫升数乘以ppm浓度，分母如果药剂是纯品则除以100万，如果是20％则除以20万，如果45％，则除以45万，余此类推。

（三）用百分含量来表示

如配制0.1％萘乙酸液10升，需85％的萘乙酸粉剂的量为$\frac{0.1\times 10000}{85\%}=11.76$（毫克），即配成药液的毫升数乘以配成药液的百分浓度，再除以药剂的百分含量。

第七章 香蕉的水分管理技术

一、土壤的水分特性

水分是土壤肥力重要因素之一，它不仅关系到土壤向香蕉提供水分的数量，也关系到土壤中氧气的状况以及养分的有效性等。

土壤含水量，一般用土壤水的重量与干土重量之比的百分数来表示。

土壤水贮量，是指一定厚度土层内土壤水的总贮量，与灌水量和灌水间隔关系较大。土壤的质地和深度不同，其水贮量也不同。排水良好的深厚土壤，其1米厚土层的最大水贮量以毫米来表示，一般砂土为180～210毫米，砂壤土(轻壤土)270～300毫米，中壤土300～345毫米，重壤土300～360毫米，粘土330～390毫米。有时也用每公顷需水吨数来表示，1毫米深的水量相当于1公顷10吨水，故上述数字以吨/公顷表示分别为1 800～2 100，2 700～3 000，3 000～3 450，3 000～3 600，3 300～3 900。

土壤水存在于土粒的表面和土粒间的孔隙中，由土粒与水面上的吸附力和水与空气界面上的弯月面力两种力保持。按水所受的力，将土壤水分为吸湿水、毛管水和重力水，分别代表在吸附力、弯月面力和重力作用下的土壤水。吸湿水对根系来说是无效水，毛管水在毛管断裂前是易效(速效)的，在毛管断裂后是难效(迟效)的，而重力水是灌水或下雨后易受重力作用而渗漏流失的，根系来不及吸收。

土壤的大孔隙和小孔隙充满水分时，称为水分饱和状态。土壤水从水分饱和状态排除了大孔隙中因重力作用而流失的水分时的土壤含水量称田间持水量，也就是土壤所能稳定保持的含水量。土壤含水量下降，毛管出现断裂，水分不能自由移动，这时的含水量称毛管断裂点。土壤含水量再下降，作物因吸水不足以补偿蒸腾消耗而出现叶片萎蔫，在降雨或灌溉供水时也不能恢复充涨，此时的土壤含水量称永久萎蔫点，也称萎蔫系数。作物可利用土壤能够保持的水分量，称有效持水量，是田间持水量减去萎蔫系数以后的值。根容易吸收的土壤水分称易效持水量，是田间持水量减去毛管断裂点水分量以后的值，毛管断裂点水分量减去萎蔫系数的值就是土壤难效水。田间持水量、毛管断裂点水分、萎蔫系数均可通过土壤含水量测定出来，也可通过张力计或其他土水势测定仪测定出来。不同质地的土壤田间持水量是不同的，质地较粘重的土壤比质地较轻的土壤田间持水量要稍大。不同质地的萎蔫系数也不同，砂壤土为4%～6%，中壤土为6%～12%，轻粘土为15%，也就是说，质地轻的土壤无效水含量较高。因此，不能一概而论断定土壤含水量多少就要灌水。作物灌水应在永久萎蔫点之前进行，最好是在毛管断裂点时就灌溉，灌水量超过田间持水量时，灌水就会造成浪费，并会造成根系缺氧及养分的流失。

土壤水通过蒸腾和蒸发两个途径变成水蒸气后进入大气而消散。蒸腾是在香蕉植株上进行的，与叶面积及气象因素有关；蒸发是在土面上进行的，与气象因素有关，辐射大、气温高、空气湿度低、风速大，有利于土面蒸发。一般香蕉生长初期土面蒸发大于蒸腾，后期蒸腾大于蒸发，冬季土面蒸发大于蒸腾。

土壤水的支出除土面蒸发和蒸腾外，还有土表径流和深层渗漏。土壤水分收入主要是靠降雨和灌溉，也有部分由地下水毛管上升及大气或底土的水流在表土的凝结。

水田蕉园地下水位较高，地下水丰富，干旱时，地下水是重要的供水来源。地下水向土层上升在毛管中进行。毛管水上升的高度与土壤质地有关，从砂土至细砂和粗粉质壤土的毛管水上升高度愈来愈高；从中、重（粘）壤土开始至粘土，反而是质地愈粘毛管上升高度愈低。上升速度对补给土面蒸发的损失也很重要，砂土上升最低，但上升速度快，壤土上升虽最高，但最初几天速度比砂土慢，紧实粘土上升不高，速度也很慢。地下水利用好的蕉园土壤，群众称为“返潮”，白天地下水上升稍落后于蒸发和蒸腾，但早晨地表则湿润。另外，对于含盐较高的新围垦沿海蕉园，干旱季节底土中含盐较多的地下水会随毛管上升至土表，在表土积累，群众称为“返碱”，须覆盖或松土，以降低土面蒸发。

水田蕉园进入旱季后，畦沟可保留 10～20 厘米的浅水层，有利于地下水的利用，减少灌水量。

二、香蕉的需水特性

香蕉的水分管理是获得优质高产的重要环节之一。前面已介绍了香蕉对水分的要求，水分不仅影响香蕉植株的生长发育，也影响到根的生长及对矿质营养元素的吸收。可以说，香蕉栽培中肥多肥少，只是产量高些低些；而水分过多或过少，则可能使香蕉失收。故水分的管理应该比施肥管理重要些，这一点往往被多数人忽视。

香蕉适宜的年降雨量最好在2 000毫米以上，且雨量分布较均匀，夏秋季月降雨量200毫米左右，最好每隔2～3天降雨10～15毫米；冬季、春季月降雨量120～150毫米，最好每4～6天降雨10～15毫米。

香蕉不同的生长期，对水分的敏感程度不同，最敏感期是抽蕾期。如抽蕾期水分过多或过少，则对果实的产量和质量影响十分重大。而苗期轻微干旱，只影响生育期。一般花芽分化期至幼果期要水分充足，而挂果中后期适当的控水有利于提高果实的品质风味和耐贮性。

香蕉的需水量较大，土壤水分不足对生长影响很大，但香蕉的根为肉质根，土壤水分过多又会影响其透气性，对根的生长和吸收不利，这一点是香蕉水分管理的困难之处。

三、我国蕉区的雨量分布

降雨是蕉园水分的重要来源，我国蕉区多数年降雨量可达1 600～1 800毫米，少数可达2 000毫米以上，但雨量分布极不均匀，多集中在4～9月份，有时旬降雨量可达200毫米以上，有的暴雨天气日降雨量可达100～150毫米，但在10月份至翌年3月份的月降雨量常小于100毫米，有时仅15～20毫米。有的年份，4～5月份也常出现春旱。我国雨季、旱季分明的天气，决定我国蕉园必须有良好的排灌系统。

四、干旱及灌溉

香蕉对水分的需要量随着气温的升高和植株的增大而增加。冬季由于温度低，蒸发量小，植株生长慢，水分消耗较少，除霜冻天气灌水来减轻冷害程度外，寒冷前适当控制水，抑制植株叶片的抽生，对提高植株耐寒力有好处。春季干旱对抽蕾的植株及新植蕉园影响也甚大。夏季一般不干旱。秋季是香蕉生长发育的关键时期，多数植株进入花芽分化或抽蕾期，叶面积大，根系生长多，需水量十分大，且白天阳光暴晒，气温高，干燥，几天不下雨就会导致香蕉水分供求不平衡。即使是水田蕉园畦沟中有水，但由于蕉根在夏天雨季时浅生（0～30厘米土层），地下水难以吸收。土壤耕作层中有效水分大大减少，造成叶片下垂，叶色变淡，叶的寿命短，抽蕾的植株花蕾下弯不好，蕉指土黄色且短小，粘质土壤在干旱时，会发生裂缝，使蕉根断开，对植株影响更大。因此，秋季是香蕉灌溉的关键时期。

香蕉的灌溉方式有几种：自流灌溉、人力浇水、高头喷灌、冠下喷灌及滴灌等。滴灌是香蕉灌溉与施肥的最好形式，可以较准确地计算灌溉量，可把灌溉和施肥结合起来。以色列在水源十分紧缺的情况下，采用滴灌方式对蕉园进行灌溉，节省水量，也有利于香蕉生长。但滴灌投资大，成本高，在我国尚不多见。美洲一些大型蕉园广泛使用高头喷灌。

人工降雨是用小喷嘴抽水机（人工降雨机）在全园树冠上进行大面积喷洒，相当于高头喷灌，但水源不能太远。该法不仅能增加土壤湿度，也能增加蕉园空气湿度，降低温度，对香蕉生长有利，但容易使真菌性病害传播。目前有少数水田蕉园或鱼塘基蕉使用此法灌溉。

自流灌溉是旱田采用水库水，旱地蕉园采用抽水机抽水，水由畦沟流过，稍浸透畦面土壤即断水。在水田蕉园，利用涨潮时河涌水位高于畦面将河涌水放入蕉园，水稍过畦面后即抽排水。这种灌溉水也称跑马水，用水较浪费，灌水量难掌握，也易使肥料流失。

人力浇水是在无自流灌溉又无灌水设备时使用。旱地蕉园通常用人力担水淋灌，在幼苗期需水量小时较容易做到，植株大时用工太多。水田蕉园则用粪勺将畦沟的水洒向畦面。番禺有些蕉农使用小型喷水机装在小船上，在涨潮畦沟水位较高时，小船在畦沟中行驶，边行驶边将畦沟的水抽喷向两边的畦面。整套设备花钱不多，可供20～40公顷蕉园使用，可节省淋水劳力，提高工作效率，是一种值得水田蕉园推广的实用灌溉方式。该法相当于国外的冠下喷水，只是就地取水罢了。

灌水量依土壤干旱程度而定，一般灌水后土壤含水量为田间最大持水量的60%～80%为宜。灌溉次数则依香蕉的需水量、土壤蒸发量等而定，一般高温干旱季节1周灌2次，每次以相当于10～15毫米的降水量为宜，低温干旱季节则10～15天灌1次。

蕉园的灌水量与土壤质地和干旱程度有关，如要准确计算灌水量，就需测得土壤的含水量。如以毛管断裂点为依据的，需测出田间持水量及毛管断裂点水分。田间持水量的测定，在大雨或将80～100升水灌入约1平方米的土壤后，用薄膜覆盖防止蒸发，经24小时后土壤用100毫升取土器取土称重，得出原样湿土重(A)。毛管断裂点水分的测定，是将取土器中测过湿土重(A)的土，放在1厘米厚、15厘米见方的陶土板上，用塑料袋全部覆盖抑制蒸发，经48小时后称重，得出毛管断裂点湿土重(B)，再将测过湿土重(B)的土在100℃下烘干后称重，得出干土重(C)。这样，田间持水量＝A－C，毛管断裂点水分＝B－C，有效水含量＝A－B。测得的数值是100毫升土壤的毫升数，相当于10厘米土壤的持水量，将土层厚度除以10(厘米)就是土壤含水量。如土层土壤不一致，还须分层来测定，再累加起来。每次的灌水量为田间持水量减土壤含水量减毛管断裂点水分。

蕉园的灌水间隔可通过香蕉水分消耗量及土壤水贮量平衡来求得。香蕉水分消耗包括蒸腾和土面蒸发，如4月18日灌水前土壤根区的含水量为89.6毫米，灌水45毫米，到4月26日再测定同一根区的含水量为100毫米，这一时期并未降水，而灌水的数量也不致发生深层渗漏，深层的含水量也没有变化，则这一时期的日平均耗水量为(89.6＋45－100)/8＝4.3(毫米/日)。土壤水贮量与质地有关，以有效持水量为指标，可通过上述的田间持水量及毛管断裂点水分含量求得。如果有效持水量为21.5毫米，那么蕉园上述时期的灌溉间隔为5天(21.5÷4.3)。不同土壤质地的有效持水量不同，砂质土比壤质土有效持水量小，供水就必须及时。如果这一时期有降水，则需估计降水量增加的土壤水含量，由于水分消耗与香蕉的生长时期及季节有关，故必须测定或估算不同季节及时期的日消耗水量，以及土壤供水保水性，作为灌水间隔的依据。

无法测定土壤含水量的蕉农，只能靠手摸目看凭经验来判断是否要灌水。壤质土蕉园，取0～25厘米剖面的土壤，用手握紧，泥土不松散而成团，手感微润而不粘手，稍用力压泥团又较容易松散，则不需灌水；当手握泥土不成团，手感干爽时，香蕉叶片白天两半叶下垂，则需灌水；当手握泥土手感有水粘手，用力捏泥团不易松散，则土壤含水过多。蕉农采用沟灌时，以水浸透沟边1/3土壤即可，不必全畦浸透，高温季节4～6天1次，低温季节6～10天1次。淋灌重点淋湿根区土壤，每株80～100升水，高温季节2～4天1次，低温季节5～8天1次。灌水成本较高的，应重点保证秋季香蕉抽蕾期至果实发育期的用水。对于特殊栽培的香蕉，如防止在冬季抽蕾，冬初应控水；延迟收获季节的香蕉，苗期适当控水。

灌水的时间依季节气温而定，夏秋季高温期宜于早晚进行，冬季宜于下午进行，春季日间灌水较好。

对于无法灌溉的蕉园，在栽培上要采取相应的措施，以减少干旱的危害程度。比较有效的措施如下。

第一，地面覆盖。用地膜、稻草、干蔗叶等覆盖蕉园土壤，可减少土壤的水分蒸发。印度用0.2毫米厚的黑色薄膜覆盖，效果相当好。东莞蕉农罗沃全利用稻草盖土，效果也不错。稻草不能太厚，否则雨天会引根上浮，干旱天时死根，一般3公顷地的稻草可覆盖1公顷地的蕉园。

第二，深翻土壤，加深耕作层，深施基肥，引根深扎，使土壤中可利用的有效水增加。

第三，合理密植。密植会增加叶面积，由于增加叶面积会增强香蕉的蒸腾作用，故没有灌溉条件的蕉园不应种得太密。海南省及粤西地区光照强，太阳光照射地面会造成土温升高，可以用土面覆盖或宽行密植的方法来降低根区地面温度。

第四，雨后松土。秋季旱地香蕉园在下雨后最好能进行浅土层（1～3厘米）松土，减少土面蒸发，并引根深生。

第五，旱季前控制氮肥的施用，增施磷钾肥，尤其是钾肥对提高香蕉抗旱能力极有好处。肥料采取基施和洞施追肥的方式，不要撒施追肥，培育发达的根系，控制叶面积，以增加植株的保水抗旱能力。

第六，调整种植收获季节，使果实发育期赶在雨季，有利于提高产量和质量。如云南蕉区雨季在6～10月份，春季常干旱，故种植期宜在6月份，收获期在8～10月份。

第七，浅沟种植。对于疏水性较好的旱地蕉园，宜采用浅沟种植，即植穴低于畦面10～15厘米，这样有利于保持雨水，防止水土肥流失，对防短期干旱有好处。

五、雨季涝害及排水

土壤中的孔隙由水和空气填充，当土壤中水分饱和时，土壤孔隙中就没有了空气，一般要经 24 小时水分才能降至田间持水量，也就是土壤孔隙恢复充气。如果在这段时间内再下雨，土壤水就会多于田间持水量，造成土壤中氧气不足，使根系缺氧而降低活力，甚至死亡；同时也会使厌氧微生物活动旺盛，产生硫化氢等还原物质，对根系产生毒害，加速根系的衰老和死亡。

雨季如连续几天至十几天下雨，使地下水位低的坡地山地蕉园的土壤经常处于渍水状态，土壤中氧气缺乏，会危及根的活动和寿命。而地势低、地下水位高又排水不良的蕉园，雨量过大则会发生浸水。有些河边、海边的围田蕉园，还会受堤坝崩溃时外来水的浸泡。如 1989 年中山市沿海多处堤坝崩溃，1993 年 18 号台风使中山、番禺、佛山等许多蕉园受浸，1994 年 6 月 3 号台风使西江、北江下游多数蕉园受浸。因为雨季多在高温期，香蕉处于旺盛生长期，高温暴晒又会加剧涝害，造成的损失是十分大的，有时比风害、冷害更严重。

涝害对香蕉生长的危害程度通常是海水浸蕉园比淡水浸蕉园严重，浸水时高温暴晒比低温阴天严重，退水迟比退水早严重，退水后干旱比适当降雨严重，浸水前 10～20 天施肥的比不施肥的严重。香蕉不同生长期对涝害的敏感程度也有差异，最敏感的是抽蕾期，其次是孕蕾期和挂果期，而幼株和快收获的植株则耐涝性稍好。大蕉、孟加拉龙牙蕉较耐涝，粉蕉、过山香蕉次之，香蕉较不耐涝。

香蕉涝害的症状：土壤水分过多时，会使老叶从叶柄基部处扭折下垂，这是秋季暴雨后香蕉常见的现象。土壤浸水严重的植株，叶片会变黄枯萎，新叶、花蕾抽生困难，甚至整株死亡，根系变黑、腐烂。

涝害后的抢救措施：香蕉浸水后时间不长的，退水后要经常对叶面喷水2～3天，然后再喷些叶面肥，土壤暴晒的要进行地面覆盖，出现球茎腐烂的要淋杀菌剂，保持土壤湿润，促进新根产生。对于涝害严重的成年植株，尤其是抽蕾后青叶数少的植株，可酌情砍掉，促进吸芽生长或重新种植。

蕉园的排水包括土壤内部排水和外部排水。内部排水性是指土壤的疏水性，与土壤质地、结构及畦的长短宽度有关；外部排水性是指蕉园的排水性，与地势、排水设施等有关。土壤排水不良的检查，可挖蕉园的土壤，观察其犁底层下褐斑氧化层的深度，褐斑氧化层距地面深甚至没有的，说明土壤排水性良好。旱田、旱地蕉园要注重土壤的内部排水性。水田蕉园的渍水和浸水在雨季经常发生，既要注重土壤的外部排水性，也要注重内部排水性。由于涝害比旱害更严重，蕉园排水不良可导致根系腐烂，肥伤，叶片早衰，果实在树上成熟，使产量下降，品质降低。因此，一定要注意排水，地势低、经常浸水的地方要筑牢固的防水坝，并配备相当排水量的抽水机以防内涝。蕉园要搞好3级排水沟，保证地下水位能降至1米以下。内部排水性较差的土壤，要用1畦1行的整地种植方式。

旱田、旱地、山地蕉园，虽然地下水位较低，但要提防雨天持续时间过长，造成土壤排水不良而发生伤根，其排水措施主要是根据土壤的排水性进行整地种植。对砂质壤土、底土层疏水的，可起浅畦沟种植；对于粘质壤土，畦沟则要深些，并以1畦1行的整地法种植。雨天时间长或雨量过大的，应将畦沟疏通，防止积水。

第八章　香蕉的土壤管理技术

一、除　草

香蕉的根系浅生，杂草丛生会与香蕉争肥，杂草也寄生病虫。成年的香蕉植株由于叶面积大，遮荫可抑制杂草的生长，但种植初期，植株小，杂草很容易生长，尤其是春夏季，所以种植初期要经常除草。

对香蕉园除草，从定植整地前就应开始，整地前有杂草的，应喷草甘膦杀死杂草，再犁土松土。整地定植后杂草未生长之前喷丁草胺或拉索等抑制杂草的萌发。蕉苗成长后，一般根区采用人工除草，根区以外可用人工除草也可用化学除草。化学除草通常使用草甘膦和克芜踪两种除草剂。草甘膦为内吸性的除草剂，除草较彻底，但对香蕉毒性大，香蕉植株吸收太多也会死亡，要慎用。一般在香蕉幼株期于无风的天气喷杀畦沟或较远离植株的杂草。克芜踪为触杀性除草剂，使杂草地上部分枯死快，但草头通常不死，对香蕉叶片也有一定的毒性，必须在无风的天气使用，避免触到蕉叶。化学除草效率高，杀草效果好；人工除草可结合松土，有利于根系的生长，但根多或根浅生时易伤根。实践中，通常将人工除草和化学除草结合起来使用。

二、松　土

香蕉除结合除草时松土外，宿根栽培通常在早春雨季前全园深翻土壤1次。这时温度较低，湿度较大，新叶新根生长少，断根对植株影响不大，况且多数植株此时已收获或处于挂果后期。松土主要是晒白土壤，增加养分的释放，使土壤疏松透气，有利于新一年吸芽株的生长。一般松土深度为20～30厘米，能深些更好。未收获的植株蕉头土壤不松或浅松，由蕉头附近向外逐渐深松，松后施农家肥及无机肥，下雨后新根生长时即可吸收，效果很好。但香蕉旺盛生长季节通常不深翻松土断根，尤其是抽蕾期，松土断根会影响抽蕾及果实的生长发育。旱季浅土层松土可减少土面蒸发，对无灌溉条件的蕉园十分有利。

三、上泥和培土

香蕉球茎有往上生长的习性，露出地面部分的球茎，根系就不能生长，植株长势弱，抗风性也差，尤其是试管苗种植的植株更易露头。宿根栽培留二路芽以后的芽，吸芽浅生，也易露头，故必须定期培土。培土通常结合施肥和修沟进行。雨季植穴施肥后用土覆盖肥料，中后期培土可取畦沟的积土放于蕉头处，露头严重的，要加宽畦沟，以便让更多的泥土堆向畦面。

香蕉喜欢客土，在珠江三角洲蕉区，秋冬季或干旱季节，结合灌溉，用上泥船抽取河涌、鱼塘的淤泥灌向蕉园畦面。由于涌泥、塘泥养分丰富，也可防止露头，对香蕉生长很有利。上泥前配合施肥，效果更好，但上泥必须选干旱天气，雨天上泥会使根系缺氧烂根。

四、挖除旧蕉头

香蕉采收后，母株残茎经 60～70 天后基本上已腐烂，对子代无多大益处。印度利用同位素磷测定，假茎在采收后 70 天，吸芽从残株中吸收的养分已经很少，故要及时挖除旧蕉头，填上新土，一是可减少病虫害，二是有利于子代根系的生长。对 2 个月后蕉头仍未腐烂的（如大蕉、龙牙蕉、粉蕉较难腐烂），可用锹或锄将蕉头破成几份，加速其腐烂。如与早春松土时间相符的，与松土结合起来挖除更好。

五、轮作与间作

（一）轮　作

国外一些热带蕉园，土壤肥沃，无病虫害，留芽适当，蕉园寿命可达十几年至几十年。如西蒙兹提到的印度有超过 100 年、乌干达有 50～60 年的老蕉园。在我国，由于病虫害、气候及土壤等管理上的原因，香蕉栽培 3～4 年后产量质量均大大下降，要进行轮作。轮作一般种植花生、水稻、甘蔗等，这样有利于调节土壤的理化状况，减少病虫害，尤以水稻轮作为好。一些病虫害较少、土壤肥沃的新蕉区水田蕉，在种植 3～4 年后也需重新种植香蕉。他们多数采用换位法，把原来的畦沟填土，重新在原来的畦中挖畦沟，多数冲积土下层土壤养分含量丰富，深翻晒白风化后，重新种植香蕉，仍可获得优质高产。也有一些蕉农，承包 5～6 年的土地，采用香蕉与大蕉轮作，先种 2～3 年香蕉，再换种 2～3 年大蕉，利用大蕉抗性好、对土壤要求不高的优点，种植时不必重新挖沟起畦，成本降低，也可利用种植香蕉时大量施肥残存的肥料，是较好的轮作法。

（二）间　作

香蕉生长初期，叶面积较少，为增加土地的利用率，可间种些短期的经济作物，增加经济收入，减少杂草生长，尤其是一些新蕉区。如 1990 年中山县的杨锦辉采用东莞中把吸芽苗春植，在 2 400 株/公顷的密度下，行间间种生姜，结果生姜收益 2.7 万元/公顷，香蕉（雪蕉）产量也达 45 吨/公顷。而且吸芽生长较快，大部分可在翌年 9 月份采收。中国科学院植物研究所在广东揭阳试验蕉稻间种，也取得了良好的效益。

对于土壤肥力不高、管理不精细及病虫害较多的旧蕉园，通常不要间种，尤其是对香蕉生长有影响的间作物。如蕉园间种水稻，只适应于地下水位较低而稳定、土层较深厚、排灌良好的水田，否则香蕉和水稻均生长不好。即使间种，间作物也要远离蕉株。如番禺的吴润根 1992 年春植香蕉间种花生较近蕉头，花生收获时蕉根松断较多，使香蕉发黄，生长慢，即使后来增施肥料也迟抽蕾近 1 个月。另外，不能间种黄瓜花叶病毒寄主作物，尤其是花叶病严重的蕉区不能秋植试管苗。

香蕉间作物必须满足如下 3 点：一是间作物生长期短，在香蕉成株前可收获，不要在香蕉生长后期争养分及阳光；二是间作物不能遮荫香蕉，间作物生长期长的如生姜等，本身须喜阴性，被香蕉适当遮荫时反而生长较好；三是间作物不能是香蕉病虫害的病虫寄主或中间寄主。

六、土壤覆盖

蕉园土壤覆盖对调节土壤温度,保持土壤湿度,增加腐殖质含量,从而提高香蕉质量及产量有显著的作用。在高温季节,阳光直射土壤时,土温很高,对浅生的根系不利,土壤覆盖可降低土层温度,减少土壤水分蒸发,提高肥效。在冷季,土壤覆盖可减少土壤的热辐射,对土壤起保温作用,可减少根系的冷害。同时,土壤覆盖可抑制杂草的生长,减少病虫害,多数覆盖物腐烂后可疏松土壤,增加土壤的有机质。

对土壤起防寒、保湿、保温作用最好的是塑料薄膜(地膜),以漫反射黑色地膜效果最好。印度巴打查亚(1987)用0.2毫米厚黑色乙烯薄膜、蔗叶碎片(15吨/公顷)和香蕉植株碎片(10吨/公顷)作蕉园土壤覆盖,结果显著增加了果实的果指长、直径和体积,也提高了产量。最有效的是薄膜,其次是蔗叶碎片和香蕉碎片。我国目前在少数冬种作物上已推广使用地膜,对香蕉也同样有效。据广东省高州分界农场1988年在秋植香蕉上用黑色地膜覆盖的初步试验,冬后植株比对照大1倍以上。地膜的吸热保湿功能较好,但成本较高,田间管理也不方便。采用沟灌的蕉园,用地面覆盖效果十分好,仅施肥时需揭开地膜,可减少肥料的淋溶,大大提高肥料的利用率。每株香蕉用薄膜(厚0.02毫米)全畦覆盖需0.8元,植穴覆盖为0.4元。我国多数蕉农习惯于就地取材,利用稻草、蔗叶、蔗渣、烟草秆、干杂草及其他作物残体,在秋冬季用来覆盖蕉园土壤,效果也不错。干物覆盖,一般用量为10～15吨/公顷。蕉新植或植株小时可以实行植穴覆盖,覆盖物用量可少些。

覆盖通常于旱季进行，雨水太多的季节，在土壤渍水的情况下，覆盖有时会加剧渍水的危害并导致根系上浮。

第九章　各种类型香蕉优质高产栽培技术要点

一、春夏蕉优质高产栽培技术要点

春夏蕉也称反季节蕉，是指仲春至初夏收获的香蕉，时间多指3～5月份，有时也指2～6月份。包括旧花蕉(雪蕉)和多数新花蕉。由于冬春温度较低，对香蕉生长与结果不利，产量较低，因此称反季节蕉。我国在3～5月份是水果的淡季，此时香蕉价格较高，也有利于香蕉的贮运，加上春夏蕉果实生长不在台风季节，受风害少，故目前海南、粤西地区、福建和广西的部分地区均以栽培春夏蕉为主。由于当前推广试管苗多为春植，第一造为春夏蕉，所以春夏蕉在我国香蕉生产上占有很大的分量。但反季节蕉虽然能避过风害，却常遇冷害。严重的冷害如1992～1993年连续两年霜冻，毁坏了绝大多数蕉区的香蕉，使多数蕉农成本无归，对香蕉生产造成了严重的影响。因此，反季节蕉只能在冬季较温暖的年份或地区才能取得较好的效益。

春夏蕉的优质高产栽培应注意以下几点。

(一) 园地的选择

春夏蕉栽培管理的重点在于避寒及在较冷的天气下获得优质高产，故园地首先要选择冬季较暖和的地区或不发生严重冷害的地方小气候区；其次是蕉园土壤要肥沃疏松，土层深厚，排灌方便。

（二）采用良种

由于春夏蕉的株型较正造蕉矮小些，加上抽蕾挂果期少受风害，故可采用植株较高的良种。通常台风较多的地区采用中把蕉，少数用高把蕉；台风较轻的地方，可采用高把蕉，少数可用高干蕉。矮干品种在冬季抽蕾多时不正常，最好不用。

（三）控制抽蕾期

香蕉抽蕾期对不良环境的抵抗力最差，控制抽蕾开花期对果实质量和产量关系重大。在珠江三角洲，应种植最佳抽蕾期是9月下旬至10月下旬的青皮仔及2月底至3月底抽蕾的尖嘴蕉。11月下旬至翌年2月上旬抽蕾就易受冷害，质量和产量较差。海南及粤西地区冷害程度较低，但也会影响抽蕾和幼果生长，最佳抽蕾期与珠江三角洲相似。一般冬前偏早抽蕾的果实质量较好，产量较高，但果实偏早采收，价钱不很高。另外，偏早抽蕾的植株在台风季节植株已孕蕾，也较易受风害。抽蕾期与种植（或留芽）期、种植密度、肥水管理等相关。

（四）适时定植或留芽

春夏蕉一般春夏定植。在珠江三角洲蕉区，多数3月中下旬至4月中旬定植，而在海南等地可于4～5月份定植。宿根蕉留芽则以早春抽生的红笋芽为合适，太早抽生的吸芽要采用断根、折茎、去叶等办法抑制生长，也可采用台湾的“过桥”方法及高密度种植延迟宿根蕉的抽蕾期，否则第二造会变成早雪蕉或正造尾，价格差。

（五）合理密植

香蕉种植疏密可调节收获期。2 年 3 造的要偏疏，1 年 1 造的要偏密。在珠江三角洲由于太阳辐射稍弱及冬季温度低，中把品种单株植的密度通常为 1 800～2 000 株/公顷。而在海南、粤西蕉区，太阳辐射强，冬季温度稍高，中把品种单株植可为 2 250～2 550 株/公顷。

（六）肥水管理

良好的肥水管理可以部分弥补春夏蕉不良的气候条件。新植的春夏蕉，由于生长期短，生长旺盛期在雨季，故施肥次数要多，施肥量要大。通常苗期 7～10 天施肥 1 次，后期下雨次数较少，植株较大，施肥量宜大，一般 15～20 天施肥 1 次，重点施好秋肥。1 年 1 造的宿根蕉，为防止太早抽蕾，春肥宜少，施用迟效的农家肥。重施秋肥。

水分管理方面，要特别注意秋季的涝害和旱害，因秋季植株孕蕾或抽蕾期对水分十分敏感，必须保证此时水分适当，每周的降雨量或灌水量以 30～50 毫米为宜。对于容易造成涝害的蕉园，一定要注意排水，切忌施重肥时渍水。冬季为果实发育期，每月降雨量或灌水量以 80～120 毫米为宜，保证土壤有 60%～70%的有效水。对早春抽蕾的春夏蕉，冬季处于孕蕾期，要看情况节制肥水，防止冬季抽蕾。

（七）加强防寒措施

春夏蕉的防寒除不让植株在低温的 11 月下旬至翌年 2 月上旬抽蕾外，还可采取一些措施减少冷害。这些措施有土壤覆盖，霜冻夜晚灌水及熏烟，割去枯叶及无用的老叶，让更多的阳光照射茎干和土壤;果穗套袋,防止冷风冷雨直接吹打果穗,提高白天果穗的温度;施过冬肥及适当根外追肥,提高植株的耐寒力等。

春夏蕉栽培上有 3 种方法:即 1 年 1 造法,2 年 3 造法及年年新植法。通常以 1 年 1 造法为主,条件较好的可采用 2 年 3 造法。

1 年 1 造法的特点是合理密植,采取措施推迟第二造的抽蕾期。留芽参见 1 年 1 造留芽法,新植蕉采取勤施薄施春夏肥,重施秋肥,适当补施过冬肥的方法,水分管理注意夏排秋冬灌。宿根蕉采取适当控制春夏肥,重施秋肥及适当补施过冬肥的方法。

2 年 3 造的特点是疏植,每造留头路芽,第一造勤施薄施春夏肥,重施秋冬肥,第二造重施春肥,第三造重施秋冬肥,水分管理做到涝排旱灌。

年年新植的特点是采用干高品种如高把品种合理密植,不留芽,肥水管理同 1 年 1 造法新植蕉。

二、正造蕉优质高产栽培技术要点

6～8 月份抽蕾,8～11 月份采收的蕉称正造蕉。其株型高大,果穗的梳数果数多,产量高,果实质量也较好,但易受风害。这是 20 世纪 80 年代初期全国各蕉区提倡的产蕉季节。由于收获时为高温季节,蕉果不耐贮运,收购价格较低,现在较少栽培。但对于春夏蕉效益较差的地区或就地销售较好的避风地区,正造蕉是获取高产优质的有效途径。正造蕉以国庆节、中秋节前 15～20 天北运,7～10 天前就地销蕉果,收购价格较高。

正造蕉一般3～5月份开始花芽分化，此期间由于气温适宜，雨水充沛，根系生长旺盛，故果穗的梳数果数特别多，一般有10～12梳，多的达14～16梳，因此，株产很高，一般有25～35千克，高的达50～60千克，比雪蕉高产50%～100%。

根据正造蕉的生长及气候特点，栽培的技术要点如下。

(一) 选择良种

由于正造蕉株型较高大，挂果处于台风季节，为抗风起见，宜选用植株较矮的良种，以中矮把品种为主，配合中把品种。如广东香蕉1号、中山牙蕉、大矮蕉、广东香蕉2号、中把威廉斯等。如无特别防风设施及避风条件，不应种高把品种和高干品种。

(二) 适期定植与留芽

正造蕉由于冬季的生长较慢，生育期稍长，一般从定植或留芽出土至抽蕾需11～12个月，果实生长期较短，65～80天即可收获。如拟于国庆节前10～20天采收，则要在6月中下旬至7月上旬抽蕾，故应于6月份或7月初定植或留芽出土。在冬季较暖或冷季较短的地区，定植或留芽可适当推迟。

(三) 肥水管理

正造蕉为夏秋植，初期肥料以勤施薄施为主，秋冬可施肥，但以磷钾肥为主，配合农家肥；春肥重施，以农家肥为主，配合化肥，占施肥量的40%～50%。春肥宜在大量生根前(2～3月份)施下，每株施花生麸(饼)1千克或相当于该肥效的农家肥，加过磷酸钙0.5～0.7千克，尿素和氯化钾分别为0.2千克和0.3千克。4～6月间可追施氮肥和钾肥2～3次，每次施尿素 150 克、氯化钾 200 克。挂果后可撒施壮果肥 2～3 次，每次每株施尿素 20～30 克、氯化钾 30～50 克或相当含量的复合肥。

挂果期正处雨季，土壤易渍水浸水，造成根系功能下降甚至烂根，使叶片早衰，故一定要注意排水。

（四）植株的管理和保护

正造蕉的梳数果数太多，会影响果实的长度、饱满度及果穗上下匀称，应适当疏果，一般每穗留 8～10 梳，150～180 个果已足够，多余的应疏去。

正造蕉产量高，挂果期又在台风季节，故必须立防风桩防风护果。

一些叶斑病严重的旧蕉区，必须注意雨季叶斑病的防治，保证挂果期有较多健康的青叶。另外，果实易感黑星病和炭疽病，易受蓟马危害，也必须注意防治。由于挂果期温度高，阳光直射果穗易造成灼伤，故果穗要注意遮荫、套袋，最好内套一般香蕉袋，外套纤维袋。

三、大蕉优质高产栽培技术要点

大蕉的抗逆性好，抗寒、抗旱、抗涝、抗病、耐瘠性在栽培蕉中最好。在我国冬季冷害频繁、旱涝害也较多的情况下，大蕉的生产引起了注意，已出现了 20～30 公顷连片的大蕉园。目前，大蕉仅为就地销售，北运不受欢迎，产量、价格比不上香蕉。但大蕉的栽培较粗放，成本低，在冷害严重的年份香蕉歉收时，大蕉的效益也不错。大蕉的产量、质量、价格均以春夏蕉为最高，故大蕉的栽培要以收获春夏蕉为主。

（一）选用良种

大蕉的品种也较多，国内栽培品种以顺德中把大蕉和海南酸大蕉最佳，其株型中等，干高 2.4～2.8 米，株产 20～25 千克，果形较大，品质较好。

（二）定植与留芽

大蕉的生育期比香蕉稍长，春植从定植至抽蕾通常 8～10 个月，抽蕾后需 2.5～4 个月才采收。植株生长至抽蕾的总叶数为 30～36 片。因大蕉以 10～12 月份抽蕾的包霜蕉和2～3 月中旬抽蕾的鹤嘴蕉产量最高，价格最好，故大蕉必须早春植及留冬春抽生的吸芽。中把大蕉的种植密度通常为1 500～1 800株/公顷。

（三）肥水管理

大蕉对水分的要求不很高，但土壤中水分过多或过少对大蕉生长也不利，要优质高产，也需要有较好的排灌。

大蕉对养分的吸收比香蕉多，尤其是对钾素。但由于大蕉的根系发达，吸肥能力强，通常在生产上对大蕉施肥比香蕉少。为维持地力，保证大蕉生长迅速，获得优质果实及高产量，必须强调对大蕉施肥。一般新植大蕉每株施氮 200～300 克，磷 100～150 克，钾 500～600 克。氮、磷肥于营养生长期和孕蕾期施用量各一半，钾肥则于营养生长期、孕蕾期和幼果期各 1/3。因大蕉抽蕾后对钾肥的吸收仍很多，中后期施足钾肥可提高果实的糖分，减少酸度，使果实饱满。宿根大蕉的磷、钾肥可为新植蕉的 50%～80%，主要于孕蕾期施用。

（四）果实保护

包霜蕉果实过冬时遇霜冻会使果皮褐变、粗糙，影响果实的外观，同时果实受冷也生长缓慢，产量低，故需适当护果。以前通常用稻草、干蕉叶束扎果穗，现多用香蕉袋套果。套果于断蕾后进行，但低温寒冷时可于花蕾下弯后即套花穗。断蕾后套袋前可喷用 50 ppm 赤霉素加 10～20 ppm 2,4-D，还可加植宝素、1%磷酸二氢钾等，以增长果指，提高果实质量及产量。

四、粉蕉优质高产栽培技术要点

粉蕉的植株高大粗壮，抗寒性、抗旱性及抗涝性仅次于大蕉，抗风性稍差。一般正造蕉的产量较高，质量较好，其次为新花蕉，而雪蕉的产量较低。粉蕉主要是就地销售，价格以 3～10 月份较高，其中 4～6 月份最高。最高收购价达 5 元/千克，一般在 1.6～3 元/千克，由于价格高，广东许多蕉区已开始大面积种植。但粉蕉高感巴拿马病，且通常为抽蕾后才发病，会对生产造成很大的损失，应注意防治。其少病优质高产栽培技术如下。

（一）选用良种

我国粉蕉品种不多，以广粉 1 号品种为佳，也可试用其他质优的小果粉蕉品种。

（二）选地与选苗

粉蕉易感巴拿马病，水位高、土壤呈酸性、排水不良易招致该病的发生及传播。故粉蕉一定要选土壤疏松、排水良好、地下水位低、土层深厚、无发病史的土壤来种植。因其抗旱性好，以旱地种植为佳。整地时宜起畦，以1行1畦的整地种植法为好。种苗需选用无巴拿马病的吸芽苗或试管苗。

（三）定植与留芽

粉蕉的生育期比香蕉长2～3个月，一般春植或秋植，春植收夏蕉，秋植收春夏蕉。宿根蕉留芽一般留秋冬抽生的吸芽，早秋和早春抽生的吸芽也可以，但要配合相应的控生和促生措施。粉蕉的植株较大，种植密度宜小，一般1 200～1 500株/公顷。1株留1芽继代，多余的吸芽应除去。

（四）肥水管理

粉蕉的根系较发达、粗生，水分管理较粗放，注意排水，只要不浸水即可。干旱时有条件灌水当然更好。粉蕉对养分吸收也较多，而粉蕉常种于旱瘠山坡地，营养不足，因此，施肥量宜高才能获高产优质并缩短生育期。一般新植蕉每株施氮肥300～350克，磷肥100～200克，钾肥600～800克。施肥宜重施春肥（基肥）和孕蕾肥，幼果期也可适量施钾肥。另外，要经常施适量的熟石灰调节酸碱度。粉蕉的施肥要注意少伤根或不伤根，以免诱发巴拿马病。施肥应适当远离蕉头。

另外，粉蕉易感巴拿马病及卷叶虫、象鼻虫等。秋冬抽蕾的果实要套袋防寒。

五、香蕉试管苗优质高产栽培技术要点

试管苗通常具有无病虫害、生长一致、便于运输等优点，

有利于良种的大面积推广，是目前及今后香蕉、粉蕉、龙牙蕉，甚至大蕉普遍采用的苗木。但试管苗苗期较嫩弱，抗性差，易感花叶心腐病及受其他病虫危害，遇不良天气种植易伤苗或死苗，生长期也较长，组培过程易产生变异，而且大部分变异在定植时仍难辨认出来。针对这些特点，将其种植管理总结归纳如下。

（一）整地与培土

试管苗容易露头，又不宜深种，整地时最好留有足够的土壤供以后培土用。水田蕉园宜用3级整畦法，即畦中略高于植穴行10～15厘米。随着试管苗的长大，施肥时将畦中的土培向植穴，防止露头。旱田整地时畦沟暂可浅些，以后不断挖深畦沟向植株培土。

（二）种　植

试管苗6～8片叶(包括瓶苗3叶)即可种植，一般春植为好。春植要选暖和无北风天气，夏秋植选云天下午种植为好。冬季常发生冷害的蕉区，现在也采用冬植或春植大试管苗，争取在冷季前收获。定植前预先炼苗，让苗适应自然气候，定植时打开育苗袋要小心，不能弄松袋土，否则会影响成活率及恢复生长。

（三）施　肥

试管苗初期极不耐肥，施基肥的一定要深施，绝不能让根系触及肥土。尤其是农家肥要腐熟并深施于30厘米以下或施于60～80厘米以外。雨天可清种，定植后抽新叶时再追肥。种后两个月内，旱天可用0.1%～0.2%的复合肥或磷酸二氢钾液淋苗，每株肥液1～2千克，也可用稀粪水。雨天可将10克左右尿素或复合肥撒于离苗15～20厘米处。每7～10天施肥1次，有条件的可配合植株喷营养肥如磷酸二氢钾、有机肥液、叶面宝、绿旺系列肥等。随着植株的长大，淋肥或施肥的分量可大些。中期施肥量宜大，15～20天1次，后期可25～30天1次。春植试管苗须加强肥水管理，才能赶在10月份抽蕾过冬。肥水充足的试管苗生长旺盛，其新抽筒叶是螺旋弯曲的，一片大于上一片。

（四）水分管理

试管苗初期需水量较少，但不能干旱和让土壤渍水。干旱时应及时淋水，高温期种植的可配合植穴覆盖，雨季种植的一定要注意土壤排水，偏粘的土壤可扒开植穴30～40厘米外的土壤，让植穴稍凸起5～10厘米，防止植穴渍水而烂根或伤根。

（五）加强病虫害防治

花叶心腐病疫区要注意该病的防治，包括采用抗性较好的老壮试管苗，及时清除田间杂草，不间种病毒寄主作物，定期喷防病毒药剂（参见本书188页香蕉花叶心腐病）。试管苗苗期也极易受斜纹夜蛾幼虫等害虫咬食，要注意防治。雨季时一些沿海旧蕉区由于试管苗叶片较贴近地面，易得叶斑病，均应注意喷药防治。

（六）及时清除变异株

苗圃期的变异株如叶白条斑、花叶、畸形叶、乔化苗、特矮壮的苗较易认出并剔除，此外还有两种变异较多且初期难以辨认的变异株，通常要定植后2～4个月、15～20叶龄以上时才可细心认出。一种是矮化型,植株矮粗,叶片矮阔、稍厚,较浓绿,稍反卷向下,叶柄短,较贴近假茎,假茎较粗壮、矮化。另一种是嵌纹叶变异,主要症状是叶片较直立,叶缘全部或局部皱缩,叶面有不规则或波浪状黑色或蜡质迹斑,有些伴有不规则透明迹斑,有些植株叶序不正常。上述两种主要变异株可抽蕾挂果,但产量极低,质量差,多数无经济价值,必须尽早发现并挖除,及早补种。一般按规定允许有5%的变异株,但有的蕉园达10%～20%,尤其是购买了选剩的次苗时,变异株更多。通常应多购10%的苗,用15厘米×15厘米×15厘米的大袋装贮或直接在田头假植起来,以备剔除病株及变异株、死株后补种用。

(七)除　芽

种植试管苗的植株较早抽生吸芽,数量多但弱小。由于留芽确定较迟,这些早抽生的吸芽要及早除去,可用特制锋利的蕉锹或镰刀在芽15～30厘米长时除去;也可用割芽并点除芽剂的方法除芽。

第十章　香蕉的采收、贮运、催熟和加工

一、香蕉的采收

(一)采收期

香蕉属后熟型水果,不能等到黄熟时才采收。国外常以果

实粗度(级数)作为采收标准。由于在亚热带气候条件下果形变化较大,采收的标准也较复杂。我国目前采收标准主要是参考果实的饱满度(肉度),果实的颜色,抽蕾后果实的生长天数。通常低温期采收、运输及近销的,采收饱满度可高达80%～90%,高温期采收及远销的,采收饱满度为70%～80%。果实饱满度高,产量就高,但贮放时间短,易黄熟,催熟后颜色稍淡,固形物含量也有所下降。一般4～7月份抽蕾的香蕉,断蕾后65～90天可采收;而10～12月份抽蕾的果穗,一般130～150天才可采收。果实的生长发育时间,主要取决于温度、水分及植株的营养状况。温度适宜,水分充沛,果实生长快,植株生长旺盛而果数较少者,果实生长期也较短。另外,果实套袋,喷2,4-D等,也可提早成熟。珠江三角洲多结合果实生长时间或凭蕉农目测各个季节类型果实的果形,并按北运或地销标准来确定采收时间。对无采收经验的蕉农,最好将不同时期断蕾的果穗,用不同颜色的彩布条缚在末端做记号,有助于采收时判别果实的成熟度,尤其是果穗套袋的蕉园。

(二)采收方法

国外一些香蕉公司采收方法较先进,采用不着地采收。一般2人1组,1人先砍倒假茎,让植株缓慢倒下,另1人肩披软垫,托起果穗,再由拿刀人砍断果轴,然后将果穗缚吊在铁索上,从索道引至加工场,整个过程不着地,基本无机械伤。

我国目前采收香蕉较粗放,通常1人操作,在假茎上砍1刀,让蕉树倒斜。割几片蕉叶放在地上,再割下果穗放在蕉叶上。然后用船、牛车、单车等运到收购点过秤,果实容易受机械伤。这种采收方法,只适应我国低档蕉的生产。鉴于我国的气候、土壤等条件,香蕉经常轮作,要像国外蕉园那样建铁索道,耗资较大,也不实用,人力采运也可生产少批量的中高档香蕉,这已由广东省农科院与中山市香蕉公司等单位合作试验取得成功。采收时处处小心,3 人以上 1 组,由 1 人负责割断果穗,1 人负责缚果轴,其余负责将每两果穗担至加工场。由田间挑至加工场时,套果穗的薄膜袋不要撕烂,以保护果实免遭擦伤。如蕉园离加工场太远,可将果穗平放在有海绵垫的船或车上,再运至加工场。生产高档香蕉最好在田间脱梳,将果穗砍断后放在铺有毛毡或海绵垫的地上,就地脱梳,脱梳后用 2%明矾液涂伤口止乳,再将每梳套上特制带气泡防震双层薄膜袋,装入蕉箱,用船或车运至包装保鲜加工场进行洗涤保鲜处理。整个采收运输过程不得有机械伤。

二、香蕉的贮运

(一)保鲜处理

果穗运至加工场后,加工场对蕉果的处理程序为:落梳→洗果→浸药→分级→风干→包装称重→入库运输。各项操作最好带上手套,防止指甲伤果。用利刀将果穗分成梳,这个过程称“落梳”或“分梳”。落梳方法有带果轴和不带果轴两种。带果轴落梳,由于果轴含水分多,容易腐烂,不利于久放,仅适用于近销。目前我国北运或较高档的香蕉,常采用不带轴落梳,使果穗的基部果轴着地,用锋利的弧形落梳刀从上部尾梳开始落梳。最好两人配合,1 人切梳,1 人小心托住果梳,等切开后取走,不落地。落梳后将果梳放于氯水中洗去宿存的残花及乳汁等,再将果梳分级,淘汰不合格的果梳,然后将合格的果梳浸泡入防腐剂 1～3 分钟,风干后即可包装。有时分级在浸泡防腐剂后进行。常见的防腐剂有45%特克多1 000倍液，25%扑海因250倍液。广东省农科院植保所以施宝功为主要药剂配制出40%鲜宝香蕉保鲜剂300倍液，效果很好。为加速风干速度，较大型加工场应采用电动旋转轮盘，配备大马力风扇，浸药后的蕉果放在旋转轮盘的一边，另一边即可包装。

我国目前没有产地贮藏保鲜香蕉，保鲜的目的只是满足北运过程中蕉果不会腐烂。

（二）包　装

目前我国北运香蕉的包装较粗放，主要用竹箩，每箩装蕉果约25千克。包装时先在箩内铺垫包装纸，再装放蕉果。由于竹箩上大下小，箩底放入小梳蕉果，箩面装放较大梳的蕉果，梳果微弯，应顺势正放，一梳贴紧另一梳，梳柄向箩周，稍下沉，装平箩面过秤后封上纸，盖上木盖，用细铁丝扎紧即完成。这种包装方法，成本低，简单易行，但机械伤较严重，适应于低档蕉的包装。

国外生产高档出口香蕉，均用耐压耐湿纸箱，箱内放入1～2层塑料薄膜，既可保持水分，抑制果实的呼吸作用，也可减少果实与箱壁的摩擦，每箱4～6梳，12～15千克，装果重量依不同进口国家而定。日本进口香蕉的规格最严，每箱净重12～12.36千克，4～6梳，每梳重1.8～4千克，每梳果数14～22条，果指长为20～21厘米，粗细（横径）为3.2～4厘米。近来要求更严，大把梳不能分梳。广东番禺万顷蕉场把1～3梳的香蕉用来北运，4～6梳的香蕉用来出口至日本。装箱通常有两种方法：一种是先平放两梳较小的蕉果在箱底，再斜放4梳在上面，共6梳，这种纸箱宽度较大；另一种是4～6梳果并排竖放，果柄朝下。梳果之间还要用薄膜纸隔开，以减少震动摩擦产生的机械伤。有时也把单果集中放一箱。包装时梳果贴紧,可减少摩擦伤。

夏季高温时长途运输,常在纸箱薄膜袋内放入乙烯吸收剂。乙烯吸收剂是用珍珠岩或蛭石吸附饱和高锰酸钾溶液,烘干后,再装入打微孔的塑料薄膜袋中,每袋 20 克左右。

(三)预　冷

高温季节尤其是 6～9 月份,运输贮藏期要将香蕉在包装后及时进行预冷,尽快降低果温,防止运输贮藏期间果实因长时间处于高温而过早黄熟。冷库最好设在加工场附近,包装后的香蕉马上进入冷库预冷暂贮。

(四)贮　运

香蕉采收后应尽快运至销售地,尤其是高温季节无预冷及冷藏运输设备的更要快运。香蕉的运输工具有火车、汽车、船等。我国北运香蕉以前主要靠火车,多数用普通车厢(棚车)来运输,很少用冷藏车,加上铁路运输周转慢,常造成高温季节香蕉途中黄熟,到达目的地时腐烂发臭。近几年由于公路运输改善,汽车直运已成为香蕉北运的重要方式,它有两个优点:一是周转快。汽车可直接开到收购站装蕉,随装随走,也可直接开到催熟房,而火车则在装车厢前和卸厢后由汽车转运,途中还需等候转车,耽误时间。如从广东至北京汽车运输仅需 4 天 3 夜,而火车一般需 7 天。二是收购成本低。汽车装满 1 车一般仅 8～10 吨,有 1.5 万～2 万元即可做生意,而火车 1 厢要 30 吨,需 5 万～10 万元成本。船运也是沿海蕉区向沿海城市的运输方式,船运的震动擦伤较少,尤其是整穗运输时。但速度较慢,可根据季节及销售地酌情使用。

运输过程的温度对运输能否成功关系密切，香蕉运输的最佳温度是11～13℃。温度太低易使香蕉出现冷害，冬季北方温度低，蕉果保护不好极易出现冷害甚至冻害，严重的果实变黑，催不熟。夏秋季高温易使香蕉出现软腐或青皮熟，铁路运输最好采用机械保温车，可准确控制温度。我国目前香蕉机械保温车数量不多，每列保温车含4辆货车，可装香蕉120吨。要储备120吨香蕉需较长时间，使用机械保温车不灵活，成本高，而且我国还没有预冷用的冷库，高温期保温车虽然制冷，但不能将果温迅速降低，也易出现“青熟蕉”。因此，机械保温车目前用于运输香蕉的不多，使用较多的是加冰保温车，这种车车顶有6个冰箱降温，但不能准确控制温度，冰箱装满冰时，温度降得较低，易引起香蕉冷害，冰融化后温度逐渐升高，易造成后期温度过高，因此，必须根据不同季节制定始发站车厢的加冰量及中途站补冰量，厢内壁还须贴上一层薄膜防滴水，冬季还需加稻草及棉被保温。我国目前中低档香蕉铁路运输主要用棚车，但棚车厢内没有保温层，冬天北运时要特别注意防冷防冻，从11月下旬至翌年3月初，车厢内壁四周用1层薄膜、1层棉被、2层稻草做成保温层，押车人根据车厢内气温变化调节门窗开关，高温季节，应将全部门窗打开，并适当减少装载量，预留空间通风散热。汽车运输时，从12月底至翌年2月中旬也应在车厢四周和上方用1层薄膜、1层棉被、2层稻草做保温层，在广东路段可打开车厢前面的挡风帆布，以利通风散热。2月底至3月份可用2层稻草和1层薄膜做保温层，其余各月份可根据气温的变化来调节车厢帆布打开或封闭。到达北方目的地后，如气温太低，卸货时也要用棉被包裹搬运防冷。

有的内销香蕉，采收后整穗运至催熟房，整穗催熟后于开始转黄时带轴落梳，再批发给零售商，可降低损耗。

远销香蕉的耐贮性很重要。影响香蕉耐贮性的因素如下。

1. 品　种

果实呼吸作用强的品种不耐贮。在香牙蕉中，白油身品种最耐贮，矮脚遁地蕾、齐尾等较耐贮，大种高把品种较不耐贮。

2. 采收饱满度

饱满度越高越不耐贮。用于贮藏或远销的香蕉，以75%～80%饱满度为宜，用于近销的饱满度可达 85%～95%。

3. 采收时植株的青叶数

青叶数多，果实就耐贮，反之，果实不耐贮，甚至在树上黄熟。果穗中已出现黄熟蕉的最不耐贮。

4. 果实含水量

果实含水量低有利于贮运，如冬春收获的香蕉较夏秋雨季成熟的香蕉耐贮，山地蕉比水田蕉，基蕉（水位低的蕉园）比围蕉（水位高的蕉园）较耐贮运。

5. 机械伤

果实受机械伤会刺激其呼吸作用，乙烯的产生及病菌的感染，会降低耐贮性。香蕉的果皮较软嫩，很易产生机械伤。

6. 贮　温

温度 13℃左右，香蕉的呼吸最弱，最耐贮。温度提高，呼吸作用加强，容易黄熟，温度低，易出现冷害。

7. 环境二氧化碳和氧气的浓度

适当比例的二氧化碳和氧气浓度（二氧化碳 5%～7%，氧气 2%）可抑制果实的呼吸作用。利用专用保鲜袋的选择透气性，可实现香蕉的气调保鲜。

8. 乙烯的浓度

香蕉果实贮放过程中产生的乙烯，可把香蕉本身催熟。使用乙烯吸收剂或抽气减压排除环境中乙烯的存在，就可提高香蕉的耐贮性。

9. 病　害

贮藏时感染病菌会使果实腐烂。使用防腐剂能抑制发病而提高香蕉的耐贮性，常用的防腐剂有特克多、扑海因、施宝功等。

三、香蕉的催熟

香蕉属后熟型水果，虽然在树上或采后放置可自然成熟，但时间长，成熟不一致，风味也较差，故一般采收后需人工催熟。

（一）催熟原理

香蕉的催熟原理，是利用外加乙烯使香蕉后熟。后熟后的果实，淀粉含量由20%左右锐减为1%～3%，而可溶性糖则突增至18%～20%。水溶性果胶由0.03%逐渐上升到0.35%，原果胶由3.68%逐渐下降到0.34%，使果实呈涩味的单宁物质逐渐消失。果皮由绿转黄，肉质由硬转软，出现香味物质和产生一定的有机酸，果皮易与果肉分离，果实好吃。

香蕉催熟的代谢过程主要是呼吸作用。催熟时香蕉果实出现呼吸高峰，呼吸强度很大，达100～150毫克二氧化碳/千克·小时，故影响果实呼吸作用的因素也影响香蕉的催熟。

1. 温　度

14～38℃均可使香蕉催熟，但温度太低（低于15℃）时后熟缓慢，太高时（高于26℃）后熟快，以致使果皮不转黄色。最适宜的温度是18～20℃,后熟后果皮金黄色,果肉结实。催熟温度以果肉温度为准,焗蕉房的温度往往与果实温度有一定的差异,尤其是长期低温贮藏或外界温度太低时,须让果肉温度上升到16～18℃再行催熟。适当低温催熟,可提高果实的货架期,但温度低催熟时间长,焗蕉房的利用率不高。我国目前常用的温度为18～20℃,6天催熟。香蕉催熟时间温度控制计划见表10-1。

表10-1 香蕉催熟时间温度控制计划

催熟天数	果肉温度(℃)						
	第一天	第二天	第三天	第四天	第五天	第六天	第七天
4	21	21	20	19			
5	20	20	19	19	18		
6	19	18	18	17	16	15	
7	17	16	16	15	15	15	14

注:所用香蕉饱满度约80%

2. 湿　度

湿度太低香蕉难催熟。催熟的前中期(前4天刚转色),需要较高的湿度,以90%～95%的相对湿度为宜,高湿环境下果皮色泽鲜艳诱人。但后期(后2天转色后)湿度宜较低,以80%～85%为宜,这样有利于延长货架期。

3. 乙烯利的浓度

乙烯利5～4 000 ppm溶液均可把香蕉催熟,18～22℃通常用800～1 000 ppm乙烯利浓度,22～25℃可用300～600 ppm。据华南农业大学试验,浓度降低500 ppm,成熟时间相应推迟1天。浓度低,催熟时间长;浓度高,后熟快,但果肉易软化,果皮易断,货架期较短。乙烯利浓度对催熟时间的效应不如温度大。

4. 氧气和二氧化碳的浓度

香蕉催熟过程中呼吸强度很大，尤其是呼吸高峰期，需要大量的氧气，并放出大量二氧化碳。氧气不足或二氧化碳浓度过高，会抑制、延迟香蕉的黄熟，严重缺氧和二氧化碳中毒时，香蕉会产生异味。故香蕉数量大时催熟房应适当通气。国外先进的催熟房装有抽气机及乙烯气体进气机，恒定供给乙烯量和氧气量，并抽出房内的二氧化碳等。

5. 果实的饱满度和采收季节

果实的饱满度越高，对催熟处理越敏感，后熟时间相对较短。但饱满度过高(90%以上)，果实后熟时果皮易爆裂，货架期也较短。

不同季节采收的果实，对催熟处理的反应不同，9 月份采收的蕉果比 2 月份采收的成熟要快 2～3 天。

（二）催熟方法

1. 熏烟催熟法

这是 20 世纪 80 年代前采用的传统方法。在密闭的焗蕉房或缸中，点燃适量不含硫黄的檀香，密闭 24 小时后通气待熟。该法催熟时，温度较高，湿度低，果实失重多，但香味好，适宜于自食蕉催熟。

2. 乙烯利催熟法

将乙烯利溶液浸果或喷果，放于催熟房中待熟。乙烯利浓度，高温时宜低，催熟时间短的宜稍高，涂果轴或果柄的宜高浓度，通常浸果喷果使用的浓度为 500～1 000 ppm。浓度太高蕉果成熟快，容易脱梳。该法是国内常用的催熟方法。

3. 乙烯气体催熟法

在密闭的催熟房，用乙烯气体进行催熟，乙烯的浓度为

500～1 000 ppm，处理时间为 24 小时。乙烯可由碳化钙（乙炔石、电石）加水反应产生，也可由乙烯发生器用乙烯利或酒精产生。用乙烯气催熟，可将包装好的蕉果在催熟房中原装催熟，节省人工，这是国外大型催熟房采用的方法。空气中乙烯浓度达到 3%左右时易发生爆炸，须注意安全。

（三）催熟房设计

催熟房的设计依催熟香蕉的档次而定，最简单的是利用防空洞来催熟，成本低，可以催熟中低档香蕉。但生产中高档香蕉一般催熟房需具有气密性及保湿性，有自动降温制冷机（高温季节）、加热装置（冷季）、加湿设备及排气扇。制冷机的制冷量，应考虑香蕉的呼吸产生的热量，室外传入室内的热量及将果温降至催熟要求的能量，一般需具 6 400 千焦/吨·小时的制冷能力。加热器的功率，也应设计具有 4 800 千焦/吨·小时的能力。加湿装置可用喷雾加湿或电扇吹水帘增湿，最简单的方法是在地面洒水。用蒸气加温的，既可加温，也可加湿。催熟房内依不同催熟要求，设计不同的架，以便放置纸箱蕉或梳蕉。

（四）香蕉的催熟操作

1. 采用乙烯气体催熟的操作步骤

第一，先将催熟房温度调整到适宜的温度（20℃）。

第二，将纸箱包装的香蕉放进房，将薄膜袋打开，取出乙烯吸收剂，再将蕉箱排列好，箱与箱之间应留一定的空隙，以利于空气流动。

第三，测定果肉的温度，通常箱内温度与房内温度有一定的差异，通过房内温度控制，使果肉温度在 20℃左右。

第四，调整房内相对湿度为90%～95%。

第五，用500～1 000 ppm的乙烯气体处理果实，密闭24小时。

第六，打开催熟房大门，换气约15～20分钟。

第七，按表10-1催熟时间温度控制计划控制转色温度，并注意换气，防止缺氧和二氧化碳浓度过高。

第八，香蕉开始转色后，将相对湿度控制在80%～85%，至香蕉黄色多于绿色时即可出房批发。

2. 采用乙烯利催熟的操作步骤

本法适宜于小型催熟房小批量尤其是个体户的香蕉催熟。

第一，开动空调或加热器调温，使房内温度在20℃左右。

第二，将梳蕉在500～1 000 ppm的乙烯利液中浸湿，摆至催熟房内的架上，梳轴切口朝下，一般摆1层。

第三，按表10-1催熟时间温度控制计划调整催熟温度并控制相对湿度在90%～95%，无保湿设备的可在地上洒水或用薄膜纸盖蕉。

第四，定期换气，转色后湿度可控制在80%～85%。

第五，香蕉两头青中间黄色时，即可包装、批发。

催熟液中可加入广东省果树研究所配制的防止脱梳的“鲜固宝”保鲜剂，也可在梳蕉浸乙烯利液后用毛笔或棉花团蘸一定浓度的保鲜剂液涂抹于果柄处。

（五）延长香蕉的货架期

香蕉的货架期也叫货架寿命，是指蕉果后熟5级（果身黄，果柄和果尖绿）至后熟7级（果身有梅花点，脱指）有商品价值的时间。延长香蕉的货架期，是提高蕉果质量的一个重要环节。我国香蕉的货架期远不如进口香蕉长，这除采前因素（如品种、肥水、管理、病虫害防治）外，还与后熟过程的许多因素有关。延长蕉果货架期的采后措施有以下几点。

1. 采后失水处理及降低催熟后期的湿度

据台湾香蕉研究所试验，采后失水处理5天，可延长货架期1.4～4.6天。香蕉转色后，降低环境的相对湿度，可防止果指脱梳，延长货架期。

2. 降低转色温度及货架温度

据台湾香蕉研究所试验，7天催熟（20-15-15-15-15-15-15℃）比4天催熟（20-20-18-18℃）货架期可延长2天，货架温度15℃比25℃延长货架期5.85天，配合采后冷藏失水处理5天可延长7.1天。在催熟实践中，通常第一天可用较高的温度（21～23℃），以缩短催熟时间，以后降至16～18℃，以保证催熟时间不变。

3. 加入防腐保鲜剂

香蕉货架期结束的主要标志是出现梅花点和脱梳断指。梅花点主要是炭疽病斑，脱梳主要是果柄和果身交界处的果皮纤维分解而不受力。故香蕉采后催熟前，应用低毒的防腐剂如特克多等浸果防炭疽病，催熟液加入“鲜固宝”保鲜液，可延长果柄和果尖的退绿时间，从而延迟断指时间。

4. 果实涂蜡及装袋

目前中南美洲出口的香蕉均在转黄后打蜡，增加果实艳亮度，也可抑制病菌的感染及发病，减少水分蒸发和果实的呼吸作用，从而延迟衰老的时间。菲律宾的出口香蕉，则采用塑料薄膜袋包装，4只1袋。装袋作用基本上与打蜡相似，但防机械伤和保鲜的效果更好。

(六)香蕉催熟效果不良的原因探讨

香蕉催熟效果良好应该是果皮艳黄色，整梳蕉成熟一致，出房时果柄及果尖绿色，果肉香甜。但有时出现一些不良的催熟效果(表10-2)，有些情况较难解决，如冬季低温干旱期生长的香蕉、龙牙蕉等，会出现催不熟的现象，台湾称二段着色，一般在5～6月份采收的香蕉偶有出现。

表10-2　香蕉催熟效果不良的原因探讨

表　现	可　能　的　原　因
不均匀成熟	①催熟房温度不均匀
	②香蕉饱满度不一致，尤其是春夏蕉
	③长时间低温贮藏，未进行升温处理就催熟
	④果实在田间受低温干旱影响出现顽皮蕉
成熟太慢	①收获时饱满度不足
	②催熟房温度和相对湿度太低
	③催熟房气密性不良，乙烯或乙烯利浓度太低
	④催熟房氧气含量太低或二氧化碳含量太高
色泽不佳	①采收时天气干旱，或田间温度较低，已发生冷害
	②催熟温度太高
	③催熟初期相对湿度太低
	④果实软化后才进行催熟
果肉软化	①在装运过程中温度过高，在催熟前果肉已软化
	②催熟温度过高，通风不良，纸箱或箩中的香蕉果肉温度过高
果皮开裂	①果实肉度过高
	②催熟后期湿度过高
	③过山香等一些品种后熟时易裂果

续表 10-2

表　现	可　能　的　原　因
味道不佳	①贮藏或催熟过程中氧气含量太低或二氧化碳含量过高，果实后熟时产生异味
	②催熟温度过高及乙烯利浓度过高
	③使用有异味的防腐剂
	④粉蕉、过山香等品种果皮与果肉成熟不同步，果皮转黄色后果肉仍具涩味
	⑤可能由于土壤化学物质、水分或低温的影响，催熟后果皮转黄但果肉不转软或“生骨”
腐烂严重	①机械伤严重，病菌由伤口入侵
	②防腐处理不及时或处理方法不当
	③催熟房没有进行消毒

四、香蕉的加工

如无自然灾害，香蕉一年四季均可生产鲜果，故我国的香蕉加工业不很受重视，但随着香蕉产量的不断提高，鲜果销售存在很大的压力，也由于香蕉制品别具风味，耐贮藏，香蕉加工可提高香蕉的价值，有很广阔的前景。

目前我国香蕉加工品主要有香蕉脆片、香蕉果脯、香蕉酒、香蕉果茶、香蕉罐头、香蕉酱等。

（一）香蕉脆片的制作

根据华南热带农业大学工学院郑贻青(1997)的研究，香蕉经护色、冷冻、酒精浸泡等处理后，采用常压油炸法制成色泽金黄、气味浓郁、松脆可口的香蕉脆片，设备简易，投资少，成本低，适宜于乡镇企业、农场等香蕉的加工。

1. 工艺流程

原料→挑选→热烫→去皮→护色脱涩→冷冻→酒精浸泡→油炸→脱油→调味→烘干→冷却→包装。

2. 操作要点

(1)原料的选择　选择八九成饱满度的香蕉，香蕉淀粉含量20%～25%。

(2)热烫　在沸水中热烫8分钟，一方面使果实软化，果皮肉分离，另一方面使淀粉糊化，防止酶促褐变。

(3)去皮切片　利用切片机迅速将果肉切成2毫米厚的切片。

(4)护色、脱涩　将切片迅速放入0.5%亚硫酸氢钠、0.4%柠檬酸和0.8%氯化钠或0.8%亚硫酸氢钠、0.2%柠檬酸和0.8%氯化钠配成的溶液中浸泡1小时，进行护色脱涩。

(5)速冻与酒精浸泡　将护色后的切片在－18℃温度下速冻1小时，再用30%的酒精溶液常温浸泡1小时，以使其油炸后松脆可口，色泽金黄，美观。

(6)油炸　将香蕉切片在180℃棕榈油中炸3分钟，或190℃的棕榈油中炸2.5分钟。油炸时火候要猛，准确控制投料量，油炸温度不宜低于150℃，时间也不能长。

(7)脱油　油炸后立即用离心机脱油，降低脆片的含油率，有利于延长保存期。

(8)调味　将20%白砂糖、10%面粉和70%的水混合配成溶液，加入少量香精，再投入香蕉脆片，搅匀，立即捞出烘干(70℃，5～6小时)。

(9)包装　用真空充气包装机进行包装。

(二)香蕉果脯的制作

华南农业大学吴雪辉(1996)研究的保留原有风味、色泽的香蕉果脯工艺流程及工艺条件,其制成的香蕉果脯淡黄色,肉质半透明,片状整齐,表面干爽无糖霜,无杂质,质地饱满,味甜而不腻,香味浓。

1. 工艺流程

原料→熏硫→剥皮除丝络→切片→硬化→漂洗→热烫→糖渍→烘干→包装→成品

2. 操作要点

(1)原料　要求选择成熟度为七八成,无破皮、无腐烂的香蕉。

(2)熏硫　在密闭的容器中进行,控制温度为70～80℃,二氧化硫的浓度为1%～2%,当果肉的浓度不低于0.1%时,即可取出香蕉。

(3)剥皮除丝络　经熏硫的果品,剥去外皮,用竹夹子挑除丝络。

(4)切片　将果肉沿轴向30°角左右方向切成0.5～1厘米厚的薄片。

(5)硬化　将切好的蕉片迅速投入硬化液中浸泡,直到蕉片完全硬化。硬化液的配制为:1升水中加入3克焦亚硫酸钠、5克氢氧化钙、2克明矾、10克食盐,经搅拌均匀后静置一段时间,取其上清液,并调整pH值为10～10.5。

(6)漂洗　将硬化后的蕉片捞出,用清水漂洗干净。

(7)热烫　将漂洗后的蕉片倒入100℃沸水中热烫1～2分钟。

(8)糖渍　分3次进行。

(9)烘干　将最后1次糖渍的蕉片捞起，沥干糖液。在60～70℃下烘干，使含水量在14%～18%即成。

(三)香蕉果茶的制作

湛江农业专科学校郝记明(1997)利用香蕉制成果茶饮料，为香蕉的利用提供了一条新的途径。其制成的香蕉果茶，香蕉果肉色泽淡黄色，有浓郁的香蕉风味，味感协调柔和，口感润滑，酸甜适中，均匀混浊不分层，无杂质。

1. 工艺流程

甜橙清洗⟶切分⟶汁⟶（并入胶磨后）

香蕉去皮热烫⟶打浆⟶胶磨⟶调配⟶均质⟶脱气⟶杀菌⟶灌装⟶成品

2. 操作要点

(1)香蕉汁的制备　选用黄熟香蕉，用水冲洗净表面污物，去皮后立即用沸水热烫3～5分钟，捞出后迅速冷却，加适量水在打浆机中打浆，再用胶体磨磨细。

(2)选择优质红江橙　先清洗，切分后进行榨汁，汁液用纱布过滤后备用。

(3)调配　根据配方，称取一定量白砂糖、羟甲基纤维素钠、维生素C，分别溶于水，白砂糖溶液用纱布过滤，再将三者与香蕉汁、橙汁调配在一起，并用柠檬酸溶液将料液pH值调至4～4.2。

(4)均质　用高压均质机，在18～20兆帕压力下，对料液进行均质处理，以得到均一稳定的混浊液。

(5)真空脱气　用真空脱气机，在温度40～50℃，真空度为0.0078～0.0105兆帕下，进行脱气处理。

(6)杀菌　用片式瞬间杀菌机加热到95℃，维持15秒进行杀菌，然后冷却至28～30℃。

(7)灌装　利用无菌包装系统，将杀菌冷却液灌装在容器中。

(四)香蕉酒的制作

根据华南热带作物学院黄发新等(1996)的研究，采用黄熟的香蕉制酒，酿成的香蕉酒澄清透明，具香蕉香味，是一种低醇、高营养的新潮饮料。依添加料的不同，香蕉酒有香蕉甜酒和香蕉蜜酒2种，每100千克新鲜香蕉分别可制香蕉甜酒123.5千克或香蕉蜜酒124.3千克，制成的香蕉甜酒和香蕉蜜酒成本分别为3.42元/千克和3.9元/千克，大大提高了香蕉的产值，既增加了香蕉资源的利用，又节约了粮食，且制酒工艺简易，投资少，见效快，经济效益高。

1. 工艺流程

见图10-1和图10-2。

2. 操作要点

(1)原料的处理与准备

①果胶酶液的制备　取Sutc 304黑曲霉菌株，接种于麦芽粉培养基上，培养48小时后再接入麸皮培养基中，于28～30℃温度下培养45～50小时，制成黑曲，加4倍量的45℃温开水，在40℃下充分浸提2小时，过滤后得到果胶酶液。

②酒母的制备　取桂-1酵母和Sutc 201和果酒酵母Sutc 202两株酵母分别接种于麦芽汁培养基上，经2天后再扩培于三级果汁培养基中，室温25～30℃，培养36小时后即可使用。

③蜂糖汁的制备　用蜂蜜(含糖约77%)加入1倍量的水稀释后，加温至90℃冷却，制成蜂糖汁。

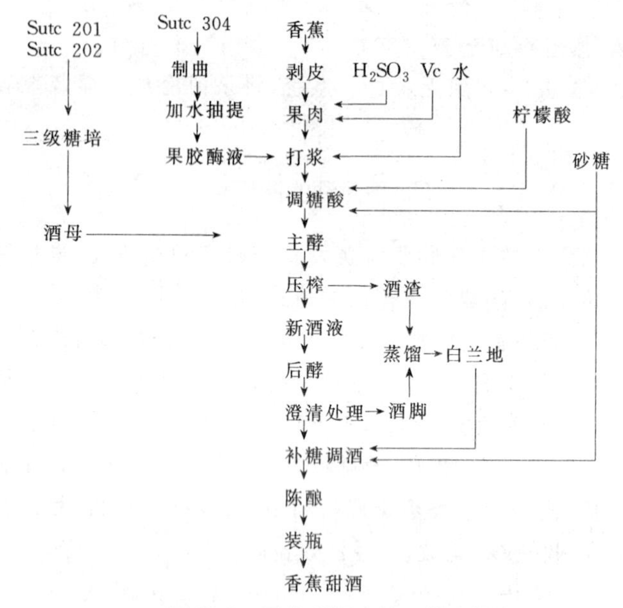

图 10-1 香蕉甜酒酿制工艺流程图

④香蕉取汁　香蕉去皮，捣烂，加入果肉重量 1/2 的水和 0.1%的亚硫酸，充分搅匀，再加入果浆重量 3.2%的果胶酶液，在 45℃条件下保温 3 小时，压榨取汁。

(2)香蕉甜酒的酿制　按图 10-1 工艺流程，鲜香蕉剥皮，加入果肉等重量的水，添加 0.1%亚硫酸和 0.01%维生素 C，加 3%果胶酶液，用捣碎机捣烂，静置 4～6 小时，调糖至 26%，调酸至 0.5%，加入 5%酒母，室温(28℃左右)条件下发酵 4～5 天，主发酵结束，压滤出新酒液，封坛后酵 1 个月(20～25℃)，加入 4%的果胶酶液搅匀，静置 72 小时澄清处理，除去酒脚，补糖调酒度，陈酿制得香蕉甜酒。

(3)香蕉蜜酒的酿制　按 4∶1 的比例将香蕉汁和蜂糖汁混合，调糖至 26%，调酸至 0.5%，加入 5%酒母，室温(25～

28℃)下经 4～5 天，主发酵结束，压滤出新酒液，封坛后在20～25℃下 1 个月后酵结束，加 4%的果胶酶液搅匀，静置 72 小时澄清处理，除去酒脚，补糖调酒度，陈酿制得香蕉蜜酒。香蕉甜酒及香蕉蜜酒的成分见表 10-3。

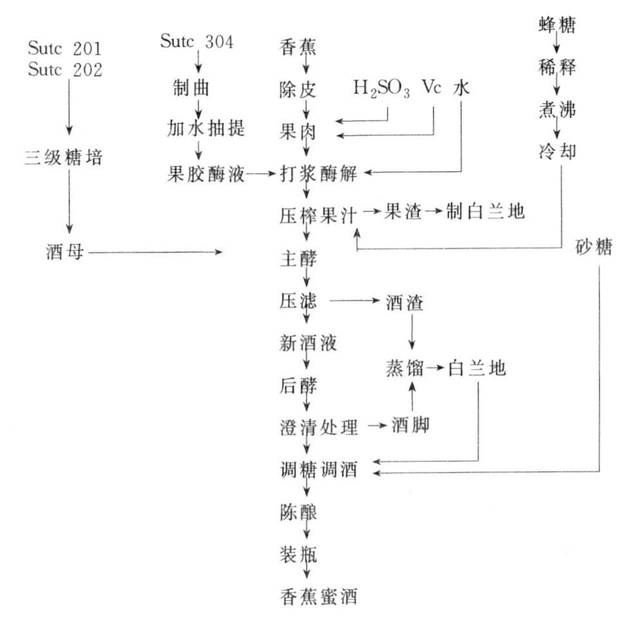

图 10-2　香蕉蜜酒酿制工艺流程图

表 10-3　香蕉酒成分测定结果

种类	酒度（V%）	总糖（%）	总酸（%）	挥发酸（%）	总酯（%）	甲醇（%）	结论
香蕉甜酒	16.0	12.0	0.5400	0.2100	0.2570	0.0024	合格
香蕉蜜酒	16.0	12.0	0.5000	0.1800	0.4310	0.0040	合格

第十一章　香蕉病虫害防治

一、香蕉病害

香蕉束顶病

香蕉束顶病，俗称蕉公、虾蕉、葱蕉，是世界性严重的病毒病。我国各蕉区均有不同程度发生，以旧蕉区较严重。一般蕉园较严重的有10%～20%的发病率，个别严重的达70%～80%。

【病　征】 最典型的病征是新叶越抽越小而成束（束顶病由此得名），以致植株矮缩。病叶较直立狭小，硬脆易断，叶边缘明显失绿，后变枯焦。叶柄或中肋基部出现深绿色的条纹，俗称“青筋”（是区别其他原因造成丛叶的主要特征）。病株一般生长缓慢，矮化，不抽蕾结果。抽蕾时发病的植株抽出的蕾或果实畸形细小，果淡，无经济价值。病株根尖变紫色，无光泽，大部分根腐烂或变紫色，不发新根，病株最后枯死。周仲驹等（1996）在福建漳州发现该病有弱毒系病毒致弱的轻型症状，病株在叶背柄脉上可见有数量极少、零星分布的若干条青筋，有时在叶背肋脉也有少量青筋，但植株并不表现明显的黄化、矮化及束顶症状，可结较正常的果实。

【病原及发病条件】 该病的病原是香蕉束顶病毒。在蕉园植株中，主要是经香蕉交脉蚜吸食传播。该蚜虫在病株上吸食17小时以上，经几小时至48小时循回期，再到健康植株上吸食1.5小时以上，即可使健株染病。吸毒后的蕉蚜传毒能力可保持13天。带毒蚜虫吸食蕉芽后，视香蕉生长阶段和生长速度而显症，一般4个月或更长，最快(夏季)1个月就可显症。在冬季自然条件下，10～12月份带毒蕉蚜吸食蕉苗后，其潜伏期达152～216天，但嫩弱的试管苗感病后，在日平均气温20～30℃条件下，病害的潜育期仅为15～20天。最近发现的弱毒系束顶病毒，传播所需蚜虫较多，潜育期也较长，在试管苗上潜育期可达50～65天，对重型毒株有较强的保护作用。带毒吸芽种植和带毒蚜虫的感染是发病的主要途径。有些蕉农反映，病株挖后不久补种的，其补种株发病率极高，土壤中是否有其他传播媒介，值得以后探索。目前仅认为香蕉交脉蚜为传播媒介，汁液摩擦和农具等不会传病。

该病1年中在各生长期均可发生，危害程度取决于蕉园中病株数量及蕉蚜的发生情况。粗放管理的蕉园，只要有病株及蕉蚜的存在，就有更多的植株感染发病。一般4～5月份为盛发期，主要是上年秋冬季干旱期蚜虫发生多，秋季抽生的吸芽生长慢，是蕉蚜藏身吸食的好地方，带毒吸芽春暖后生长时就开始发病，尤其是严重冷害之年发病率更高。一般香蕉发病多，大蕉、粉蕉、龙牙蕉发病较少。香蕉品种中，通常高干品种比矮干品种发病少。在吸芽种类上，红笋芽较褛衣芽发病少。路边、园边的植株发病也稍多。有些蕉农反映，施未腐熟的鸡粪、城市垃圾肥易诱发该病。

【防治方法】

(1)*提高抗病、抗蚜力*　选择通风的园地，采用合理的种植方式和密度，加强肥水管理。创造不利于蚜虫滋生的环境，提高植株的抗病力。

(2)*采用无病苗种*　可使用试管苗和无病蕉园的吸芽苗

种植，用于组培的种源，要在无病蕉园取刚出土不久的吸芽，最好是红笋芽，经检测确定无毒后再进行繁殖。

(3)喷增抗剂　试管苗假植后期和定植初期各喷 2～3 次 83 增抗剂，增强小植株的抗病力，对预防该病有良好的作用。

(4)消灭蚜虫　经常检查喷杀蚜虫，至少应于 9～11 月份和 3～4 月份加强蚜虫的防治。

(5)及时挖除发病株　有蚜虫的病株应先喷药杀死蚜虫和转移蚜虫的蚂蚁，然后再挖除病株，或向病株离假茎 20～30 厘米的中心处注射 8～10 毫升 10%的草甘膦除草剂，也可于除草剂中稍加内吸性杀虫剂兼杀病株上的蚜虫。病株挖除后，将病穴土扒开并晒干，填入新土，加入 50～100 克呋喃丹混匀后再补种。

(6)改变耕作制度　采用宿根栽培最好不超过 2 造，每年采用老粗试管苗种植，一般发病率很低。发病严重的蕉园，最好与水稻等水田作物轮作。

香蕉花叶心腐病

香蕉花叶心腐病，也称黄瓜花叶病。现已成为较重要的病害之一。我国广东省于 1974 年在珠江三角洲发现，以后逐渐扩大、蔓延，至 1987 年全省有 10 多个市、30 多个县的蕉园发病。尤其推广试管苗以来，由于试管苗对该病极敏感，发病率很高，发病严重的病株率达 70%以上。

【病　征】 香蕉花叶心腐病，一般是花叶和心腐同存于一株，但有时也仅见花叶或心腐。

外部症状：叶片上出现退绿的黄色不连续条纹或纺锤体状圈斑，随着叶片的老熟，这些条纹或圈斑逐渐变成黄褐色至紫黑色，最后成枯纹或枯斑。病情发展严重的则心叶黄化、腐烂，病株出现叶缘卷曲或皱缩。抽蕾期发病的植株，果轴或花苞出现黄色条纹圈斑，果实出现黑斑点，发育不良，无经济价值。

内部症状：病株假茎(叶鞘)上呈现小水渍状斑点，以后变黄褐色，再变深熏烟色至血红色。病部随后坏死腐烂，心叶腐烂即心腐。假茎纵切可见病部呈条状，横切则呈环状斑块，腐烂有时可延至根茎处。试管苗发病内部症状常出现较迟。

【病原及发病条件】 该病的病原为黄瓜花叶病毒的1个株系。其传播媒介为多种蚜虫，如棉蚜、玉米蚜、黍蚜、桃蚜、荷径管蚜等60多种蚜虫，以不持续方式传播。香蕉黑蚜可以传播该病毒，但传毒能力很低。另外，汁液摩擦或机械伤接触方式也可传播。

该病毒的寄主范围也很广，除香蕉外，黄瓜等葫芦科作物，番茄、辣椒等茄科作物，油菜等十字花科作物，玉米等禾本科作物及一些杂草等近800种植物都是该病毒的寄主植物，而且田间间种的寄主作物及杂草导致该病发生的危害性远比香蕉本身大。

该病的发生与气候因素有很大的关系，高温干旱低湿度，是发病重要的环境条件。春旱时春植苗发病率较高，珠江三角洲病蕉区，夏秋发病率也较高。该病的初次侵染，主要是带毒种苗及园内感病间作物和杂草。故其发病率取决于种苗的带毒性及抗病力，果园及附近感病植物、蚜虫的种类、数量及传播环境条件。幼嫩的试管苗对该病极敏感，感病后1～3个月即可发病。吸芽苗则较耐病，且潜育期较长，一般几个月，有时长达12～18个月。大田感病的植株，有时也可见其吸芽不发病的，这种情况一般约有13%。有时感病植株症状在高温期可被抑制，但温度稍低时又表现出来。一般老壮试管苗(叶龄

10片以上)较幼嫩假植苗耐病,早期偏施氮肥,高温期(夏秋)种植及间作感病寄主作物的蕉园发病率较高。

【防治方法】

(1)实行检疫制度,采用无病种苗种植 用于组培生产的种芽,要取自无病蕉园,并经血清学检查后确认无病后再大规模生产。病区试管苗的假植要有防虫设施,包括育苗大棚应设36～40目防虫网,远离蕉园并清除大棚附近的有关寄主作物及杂草,定期喷杀蚜虫。用吸芽苗种植的要从无病蕉园取吸芽,不要从病区调运吸芽。

(2)农业防治 病区种植试管苗,要用春植,采用较老的壮苗,争取在高温干旱天气时苗已长大有抗性。夏秋植要用吸芽苗。不得间种寄主作物如瓜类、番茄、辣椒、玉米、油菜等。种植初期勤除草。用试管苗种植的,苗期要加强防虫防病保护,旱天15～25天喷杀虫剂杀蚜虫1次,同时喷一些助长剂如磷酸二氢钾、叶面宝等及防病毒剂如植病灵加高脂膜、硫酸锌等,以提高植株的抗病力,尤其是高温干旱季节。加强肥水管理,不偏施氮肥。及时挖除病株,挖后把病株晒干。病株穴补种最好用吸芽苗。重发病园应与水稻等轮作。

香蕉线条病

香蕉线条病在国外一些蕉园的某些品种上发病较严重。目前对该病的发生条件、检测途径及产量损失程度的研究正在进行。我国云南省一些香蕉园中有该病发生,在广东省珠江三角洲蕉区中,粉蕉品种也常见该病发生。

【病 征】 孟加拉龙牙蕉(Mysore)可见典型的病征。该病在叶片尤其是苗期叶片上表现全叶或局部平行于肋脉的线条状的黄色条纹条斑,有的呈实线状,有的呈虚线状,严重的呈线条状枯黑。生长后期叶片常不出现症状，但叶鞘及叶柄有褐黄色纵向条斑，有些条斑连成条状或片状，严重的叶片出现黄化。有些植株尤其是宿根株出现生长点坏死，没有新叶或花穗抽生，感病植株产量有不同程度的下降，有的果实果肉出现条状褐色坏死，果实不饱满，品质下降。在粉蕉上主要在苗期（试管假植苗及吸芽苗）有表现，叶片全部（少数为局部）出现与肋脉平行的黄色半透明花斑，花斑并不呈线状。

【病原及发病条件】 该病的病原是香蕉线条病毒(BSV)。该病毒侵染香蕉后，能进入香蕉的染色体基因组中，故无法通过高温或茎尖培养来脱毒。该病的显症与气温及植株的营养状况有关，在22℃时症状表现严重，在28～35℃时症状明显消失。肥水管理差时一般发病较严重，尤其是宿根蕉的发病率较高。该病主要通过苗木传播，目前发现的传播媒介是柑橘粉蚧，在媒介接种病毒后3～4周表现出严重症状。

孟加拉龙牙蕉对该病敏感，造成的损失较大，蕉园损失可达30%～50%。粉蕉也易感病，但生长后期较耐病，一般产量损失为5%～15%。中山龙牙蕉及大蕉较耐病。

【防治方法】

第一，建立检测制度，选择无病的种苗进行繁殖及种植，是防止该病的主要途径。

第二，对感病的种苗，种植后要加强肥水管理，可抑制该病的发生或减少该病造成的产量损失。

第三，避免感病植株在低温期抽蕾挂果，可减少该病对产量、质量的损害。

香蕉叶斑病

叶斑病是香蕉主要的叶片病害。我国各省、自治区蕉区严重的叶斑病是黄叶斑病和黑叶斑病，其次是灰纹病、煤纹病和缘枯病。

1. 黄叶斑病

该病也称褐缘灰斑病。是国内外较常见的香蕉叶斑病。

【症　状】　由较老叶片先发病。初期病斑呈短杆状，暗褐色，后扩展成长椭圆形病斑，大小为10～40毫米×3～6毫米，大多单独存在，近叶缘表面病斑比近中肋处多。当大量病斑出现后，叶片迅速早衰，局部或全部枯死，病斑转为灰白色，雨季或秋季露水多时病斑正面产生大量灰黑色霉状物。

【病原及发病条件】　该病病原为香蕉尾孢菌，是一种真菌。子实层多生于叶正面。病菌产生分生孢子，靠风传播感染叶片，尤其是雨天或叶片有露水时，孢子较易附着于叶片上并萌发感染而危害叶片。一般4～5月份叶片开始感病，5～7月份为发病盛期。叶发病率达40%～100%，病叶面积占20%以上，严重者达90%。至11月份天气干燥时，发病较少。广东、广西、福建沿海蕉区均发病严重，内陆新蕉区发病稍少或不发病。

除香蕉外，大蕉也感染该病，但龙牙蕉、粉蕉较抗病，大蜜舍类香蕉也较耐病。有遮荫、露水少的蕉园发病也较少。台风后发病严重。

【防治方法】

①清园　冬春季清除蕉园的病枯叶，集中烧毁，减少翌年病原。生长季节也应酌情割除病叶。

②合理密植　兼顾蕉园的通风性和荫蔽性，最好利用宽窄行或双株植，合理密植。

③药剂防治　叶片开始发病时，应对病叶和新叶进行保护性喷药防治。目前特效药剂是25%敌力脱乳油1 500倍液

或25%必扑尔乳油1 000倍液，24%应得浮剂1 000倍液，25%富力库乳剂1 000～1 500倍液，10%世高粒剂6 000倍液。75%十三吗啉乳油1 200倍液也有很好的防治效果。50%多菌灵加80%代森锰锌(2∶1)800倍液，40%灭病威400倍液，70%甲基托布津800倍液等也有一定的防效。由于该病菌对农药较易产生抗药性，建议上述药剂交替使用。发病轻或初发期，可用价格较低的杀真菌剂；发病严重或近抽蕾期，可用价格高有特效的敌力脱。重点在于保护好抽蕾后的青叶。由于香蕉叶片具蜡质，药液不易附着，国产农药尤其是粉剂药中应加入适量(0.1%)的粘着剂。发病重时，可适当加大浓度及增加喷药次数。喷药时应朝天喷雾，让药雾垂直落至叶面。

黑叶斑病已在广东、福建等地出现。病斑较小，如米粒大，黑色，叶片枯萎快。防治方法同黄叶斑病。

2. 灰纹病

【症 状】 一般中下层叶发病多。叶面有椭圆形病斑或叶缘枯。初期病斑褐色，后扩大为中央浅褐色、具轮纹、周围深褐色的病斑。病斑背面灰褐色，边缘模糊。病菌沿叶缘气孔侵入，初期叶边缘出现水渍状、暗褐色、新月形或长椭圆形、大小不等的病斑。后期沿叶缘联合为平行于叶中肋的褐色、波浪坏死带，雨季病健部交界处出现浅黄色的退绿带，宽5～20毫米，晚秋以后坏死带由褐色转为灰白色，质脆，其上有小黑点。

【病原及发病条件】 该病病原为香蕉暗双孢菌，是一种真菌。子实层多生于叶背面。在潮湿天气或夜间有露水时产生分生孢子，分生孢子借助风雨传播，在叶片潮湿时感染叶片。在叶片抗病力较差时发病，高温高湿时发病多。

【防治方法】

①农业防治 加强栽培管理，提高植株的抗病力，注意果

园卫生，适当割除发病重的老叶，防止蔓延。

②药剂防治　发病时可全株喷多菌灵、灭病威、代森锰锌、氧氯化铜等杀菌剂（参照黄叶斑病的防治），注意药液多喷于叶缘处。

3. 煤纹病

【症　状】　常见于中下层叶发病。病斑褐色，短椭圆形，有明显轮纹。多发生于叶缘，大小为6～15厘米×4～8厘米，病健部交界明显，潮湿时病斑表面产生许多黑色霉状物。大蕉常见典型病斑。

【病原及发病条件】　该病病原为香蕉小窦氏菌，也称簇生长蠕孢菌。子实层生于叶面，在潮湿环境中产生分生孢子，并靠风雨传播感染叶片。

【防治方法】　同灰纹病。

4. 缘枯病

【症　状】　初期病斑出现在新叶上，呈水渍状，暗绿色或为黄化病斑，后逐渐沿叶缘向中肋方向扩展为波浪纹或锯齿状的坏死带。病健部交界处呈浅黄色。病叶老熟后病斑停止扩展，界线分明，病斑呈白灰或浅褐色，与灰纹病引起的叶缘枯极相似。

【病原及发病条件】　目前认为是生理性病害，由砖厂、水泥厂、汽车等排出的氟化物、一氧化碳等有毒气体所致。在珠江三角洲尤其是东莞市的砖厂、水泥厂附近常见。一般4～5月份开始发生，9～10月份最严重。危害程度取决于有毒气体的沉积程度，风力大将毒气吹走或稀释时，则发病较轻，无风或微风时毒气沉积则发病重。东莞地区有些蕉园株发病率达90%以上，叶发病率达50%～90%，病斑面积占蕉叶面积的20%～67%，对香蕉的产量和质量影响很大。

【防治方法】 目前还未见有特效的药物。杀菌剂、高分子膜、石灰水、硅化物等叶面喷施效果甚微，因此，减少大气污染最为重要。选择园地时，要选无废气源的地方，或在砖厂、水泥厂的上风方向。污染严重的蕉园，要加强肥水管理及其他叶斑病的防治，抽蕾后对叶片喷些光合作用促进剂如高利达Ⅳ以及营养剂如核苷酸、叶面宝等，提高健叶的活力和寿命，以弥补叶面积减少造成的不良后果。

5. 叶瘟病

【症　状】 该病仅见于薄膜育苗大棚内的假植试管苗。初期病斑起于叶面，为锈红色小点，随后扩展为中央浅褐色边缘锈红色眼斑，略呈梭形。轮纹极明显，潮湿时病斑产生霉状物。

【病原及发病条件】 病原为香蕉灰梨孢霉菌。子实层生于叶面，多雨潮湿天气产生大量分生孢子，分生孢子靠空气流动传播。有时株发病率达100%，叶发病率为20%～40%。嫩叶也可发病。

【防治方法】 选择较疏水的地方建棚，大棚不能漏水，地面铺一层厚沙，畦沟不积水。采用合适的营养土育苗，使苗长势好，抗病力强。发病时应让大棚通风透气，降低相对湿度，不在傍晚淋水，并喷20%克瘟灵、井冈霉素悬浮剂，或20%三环唑1 000～1 500倍液，或其他杀菌剂如多菌灵800倍液，灭病威600倍液，40%灭病威悬浮剂1 000～1 500倍液。

香蕉叶腐病

香蕉叶腐病是试管苗假植期间常见的病害。大田一般不发生。

【病　征】 病菌可侵染香蕉苗的任何部位，叶片受害初期病斑呈不规则形水渍状，并有水珠渗出；随后病斑变为褐色，水珠呈淡褐色。湿度大时，叶片呈墨绿色腐烂，最后整株腐烂死亡；湿度小时，病斑停止扩展，病健部分界明显，病斑仍呈墨绿色。

【病原及发病条件】 该病的病原是立枯丝核菌，高温及高湿是该病发生的条件，该病在高湿条件下就近传播，常使一小片的香蕉苗死亡，有明显的发病中心。

【防治方法】

第一，蕉苗成活后，适当降低大棚内的空气湿度，蕉苗的密度不能太大。

第二，定期喷杀菌剂。50%苯来特可湿性粉剂1 500倍液，25%多菌灵400倍液，25%扑海因悬浮剂700倍液，95%恶霉灵（绿亨一号）4 000～5 000倍液可有效防治该病的发生与蔓延。

香蕉黑星病

【病　征】 发病时，叶片及中肋产生许多散生或群生的突起小黑斑，直径约1毫米，其周缘淡褐色，中部稍下陷，上着生小黑粒，病斑密集成块斑，最后导致叶片枯黄，并向老叶上部叶片蔓延，可达顶叶。植株抽蕾后，病菌由叶片随雨水传到果穗，病状多在断蕾后2～4周出现在果指弯腹处。初期为红棕色，外围有暗绿色水晕，最后在嫩叶上出现星状斑点。随着果实肉度增加，病斑密度增大，严重的扩展至全果，影响果实的外观和耐贮性。感染的果实手摸时无粗糙感，这是与花蓟马为害的区别。香蕉和龙牙蕉易感此病，粉蕉次之，大蕉抗病。

【病原及发病条件】 该病病原为香蕉大茎点真菌。蕉园中枯叶残株的病菌分生孢子是本病的初次侵染原。分生孢子靠雨水飞溅传到叶片上再感染，叶片的病菌随雨水流溅向果穗。叶片上斑点因雨水流动路径而呈条状分布，果穗发病位置和程度也因病叶的雨水溅射和积聚量多少而异。故高温多雨季节发病严重。

【防治方法】

(1)农业防治　注意果园卫生，经常清除销毁病叶残株，合理密植。

(2)药剂防治　可用75%百菌清800～1 000倍液，50%多菌灵800倍液，40%灭病威悬浮剂600～800倍液或42%喷克悬浮剂600～800倍液喷病叶及果实。重点喷果实，雌花刚开完后开始连喷3次，约15天1次。

(3)果穗套袋　防雨水流溅，隔离病菌。套袋前后各喷药1～2次，效果更好。

香蕉镰刀菌枯萎病

香蕉镰刀菌枯萎病又称巴拿马病、香蕉黄叶病。于1874年首先在澳大利亚发现，1890年在中美洲发生及流行，至20世纪50年代中期，中南美洲有4万公顷的大蜜舍品种被该病毁灭，由于该病在中美洲的巴拿马流行，故也称巴拿马病。20世纪60年代在台湾发生并流行的香蕉黄叶病是香蕉镰刀菌的一个生理小种。我国镰刀菌枯萎病主要危害粉蕉、过山香及粉大蕉，最近在广东的中山、番禺，福建的漳州(蕉农来信反映)有类似粉蕉枯萎病的香蕉。本书为便于描述品种对该病的抗性，将粉蕉、过山香蕉类的镰刀菌枯萎病称为巴拿马病，将香蕉镰刀菌枯萎病称为香蕉黄叶病，以示生理小种的区别。

【病　征】　本病属维管束病害。内部症状表现为球茎和假茎维管束呈黄色至褐黑色病变，先呈斑点状或线状，后期贯穿成条形或块状。根部木质导管变为红棕色，一直延伸至球茎内，后变黑褐色而枯死。球茎发病后，病状一直发展至叶鞘，甚至叶柄维管束。外部症状常表现为叶片由老叶向心叶逐渐枯黄，过山香及少数粉蕉还表现假茎基部由外向内开裂，直达心叶，并向上发展，裂口呈褐色干枯，植株倾斜。雨季或大气湿度大时，叶片枯黄迟，干旱的秋冬季枯黄迅速。如病灶在球茎中央靠近生长点时，表现心叶越抽越小，甚至抽不出心叶。如病灶在球茎皮层，病菌仅危害叶鞘基部的表现是老叶失水枯黄但不下垂，如病菌扩展到叶鞘上部甚至叶柄时，叶片迅速倒垂，然后枯萎。在粉蕉上常在秋末冬季植株即将抽蕾或已抽蕾挂果时发病，在过山香、香蕉品种上，18～22 叶龄即开始发病。

【病原及传播途径】 病原为镰刀菌属香蕉枯萎病菌（尖孢镰刀菌）。目前认为该菌有 4 个生理小种，生理小种 1 号感染大蜜舍品种、粉蕉、过山香等，生理小种 2 号感染中美洲的棱指蕉，生理小种 3 号感染一种野生蕉，生理小种 4 号感染所有香大蕉蕉类，包括对其他生理小种有抗性的香牙蕉。在台湾，生理小种 4 号危害香蕉已相当严重。该病病菌由受伤或坏死的根部侵入导管，继而进入球茎及叶鞘，病菌产生毒素使维管束坏死。蕉苗、流水、土壤、农具等均可携带病菌传播。种植病苗，水沟中丢弃的病株及挖砍病株的农具不消毒是该病蔓延的主要原因。病原菌在土壤中寄生时间长，有几年甚至 20 年，酸性土壤及亚热带气候有利于病菌的滋生与传播，土壤渍水及伤根是该病的诱发条件。病区每年雨季感染，秋末 10～11 月份为发病高峰期。粉蕉常在抽蕾后或孕蕾后期发病，蕉园有明显的发病中心。

【防治方法】

该病为土壤性病害，较难根除，药物防治的成本较高，最根本的方法是选择无病区及抗病品种。

(1)农业防治　选择无病区及无病苗尤其是试管苗和抗病品种种植。目前我国发病较多的是粉蕉、中山龙牙蕉，香蕉仅在中山、番禺等地的少数蕉园发病。在香蕉发病的蕉园就不要种蕉(包括一般香蕉、粉蕉、中山龙牙蕉)，或选择耐病品种如台蕉1号。在粉蕉、中山龙牙蕉发病多的蕉园改种香蕉。如在病区种植，要选择排水良好的肥沃土壤，用试管苗小面积单造栽培，下足基肥，尤其是施用碳氮比高的米糠、蔗渣及用石灰调高土壤pH值，提早追肥。成株后不施重肥或用稀肥液淋施，防止断根、肥伤诱发病害。

(2)药剂防治　中山龙牙蕉发病初期可用广东省农科院果树研究所试制的香蕉“防枯灵”600倍液2～3升/株淋蕉头根区，每10～15天1次。粉蕉于秋末抽蕾前淋1～2次预防，病株喷淋次数宜多。

(3)清园消毒　植株发病重时要铲除病株并进行土壤消毒。病株铲除前可先用10%草甘膦10毫升注射入生长点处，等病菌死后引火烧毁干枯叶片，挖除球茎，并将残茎集中烧毁。用于挖除病株的锄头、蕉刀等农具及沾上病株土壤的鞋具，均要用5%福尔马林液消毒，防止传病。病株穴土可埋入氯化苦或棉隆，或用0.1%甲氧乙基氯化汞或0.2%福尔马林液淋透土壤进行土壤消毒，病穴附近可撒石灰消毒，7～10天后可补种耐病香蕉品种。发病20%以上的蕉园，不要继续宿根栽培，而应改种耐病品种或其他作物。

(4)采用抗病耐病品种　我国目前抗巴拿马病的有香蕉、龙牙蕉类的孟加拉龙牙蕉、小黑芭蕉、河口龙牙蕉，这些品种可作为粉蕉、中山龙牙蕉巴拿马病园的改种或补种品种。台湾筛选的抗黄叶病的台蕉1号及国外引进的“金手指”(FHIA-01)可作为香蕉黄叶病园的改种或补种品种。

香蕉茎细菌性软腐病

最近二三年，在广东一些蕉区出现烂头病，属细菌性病害。

【病　征】 内部症状是球茎软腐发臭及假茎维管束变色，初期叶片生长正常，后期叶抽生缓慢，植株抗风力差，有的稍用力一推即倒。腐烂多从球茎底部开始向上扩展，或由球茎下部一侧向其他方向扩展，后期也可出现类似镰刀菌枯萎病的黄化和枯萎症状。

【病原及发病条件】 对华南蕉园细菌性软腐病还未进行深入研究。据台湾介绍，病原是一种叫欧文氏软腐菌的细菌引起的，多发生于雨季山区蕉园。广东多发生于浸水或土壤渍水的水田蕉园。

【防治方法】 改善蕉园土壤的排水系统，不要在雨天圈蕉，接触病株的农具用5%福尔马林消毒。感病轻的植株可试淋农用抗菌素液，如农用链霉素4 000～5 000倍液或30%DT杀菌剂500倍液。感病重的植株较难治疗，一般应挖除。病株挖除后用0.1%甲氧乙基氯化汞或0.2%福尔马林液淋透植穴病土，一段时间后再补植。

香蕉心腐病

【病　征】 病苗心叶突然变小，有的黄化，有的没有心叶抽生，原有的叶片正常。病株通常不死，球茎膨大，再长吸芽，代替原株生长，但心腐病严重的会枯死。球茎割开时可见内部发病初期有黄色病斑，中期呈黄褐色，后期呈褐黑色，时间久的黑色病灶收缩后会出现中空。

【病原及发病条件】 香蕉心腐病在我国蕉园有零星发生，还未开展研究。据国外报道，该病由串镰刀菌引起，该菌侵入植株生长点，破坏其分生组织。主要发生在试管苗假植期及刚定植于大田不久的试管苗。在台湾，当小植株出现心腐病时喷硫酸钙或硼酸钠后新根产生，病害停止扩展，故认为是缺钙或缺硼引起。该病多发生于排水不良的土壤上，水分过多、施肥浓度大加上土壤渍水则发生更严重。

【防治方法】

第一，选择排水性较好的土壤种植香蕉，注意雨季蕉园的排水，试管苗假植时要选择疏松的基质土壤，雨天要用薄膜覆盖，苗期施肥不要过多和过分接近蕉头。

第二，发病植株如株龄较大，可淋广东省果树所试制的“防枯灵”杀菌剂，或其他内吸性杀菌剂如多菌灵液等，让吸芽生长。如苗小，可换苗补种健康试管苗。

香蕉烟头病

【病　征】 烟头病属果实病害，果实自开花后约一二成饱满度时，由花柱处开始枯烂，果实看起来似点燃的香烟。严重时在谢花后整个果实发黄，不发育。

【病原及发病条件】 该病的病原是可可轮枝孢菌（真菌）。病原菌分生孢子靠雨水或昆虫传播，在花柱处入侵，雨季蕉园中有零星发生。

【防治方法】

第一，可用防治黑星病的药物及浓度喷蕉花，最好与果实喷植物生长调节剂结合使用。

第二，及时用小刀将病果疏去，以免消耗养分。果实再喷50%多菌灵800倍液或其他内吸性杀菌剂。

香蕉煤烟病

【症　状】 果实表面呈雾状黑色，似煤烟灰尘状，全果发生，以不见光处较严重，果实大小正常，但影响果实的外观。有时也危害叶片，下层叶片正面出现黑色霉状物。

【病原及发病条件】 该病病原是一种真菌。高温高湿的雨季发生多，但冬季低温时果实套袋也易发生。果实三成饱满度后发生多，目前多发生于粉蕉品种，其他品种极少。

【防治方法】

第一，减少种植密度，增加植株的通风透光性，有利于减轻该病的发生。

第二，用防黑星病的药剂及浓度于果实上弯转绿后喷果穗，可防止该病的发生。也可结合防治黑星病。

香蕉炭疽病

【病　征】 该病是果实采前于田间感染，采后后熟时发病。刚黄熟果皮出现浅褐色绿豆大病斑，俗称梅花点。后扩大呈深褐色梭状或不规则块斑，最后全果变黑褐色腐烂。潮湿时，病斑上出现许多粘质朱红色小点。

【病原及发病条件】 该病原菌为香蕉刺盘孢。病菌常先侵染花器，后随风雨、昆虫散落至幼果上。高温的夏秋季黄熟果发生严重，冬春低温时发病较轻。一般果实感染后病原菌处于被抑制状态，直到果实黄熟时才出现症状，但有的菌系的致病力较强，田间未成熟的果实也可发病。据国内对果皮分析结果认为，果皮的含氮量高，总糖含量高及维生素C含量低，有利于该病的发生。

【防治方法】 应注重采前防治。目前由于我国产销脱节，采收时难见病状，故果农多不注意采收前喷药防治。应从开花期开始，用50%多菌灵500～600倍液加高脂膜200～300倍液喷幼果，10天1次，连续4次。也可用80%炭疽福美可湿性粉剂500～800倍液，在断蕾后连续喷3～4次，每隔7～10天1次。果穗适当遮光，以防高脂膜凝聚光而伤果皮，形成黑疤。采后结合防冠腐病浸药液1次。

香蕉冠腐病

【病　征】 该病为采后的主要病害。首先危害果轴，果穗落梳后，蕉梳切口出现白色棉絮状物，造成轴腐。病部继而向果柄发展，呈深褐色，前缘水渍状，暗绿色，蕉指散落。最后果身也发病，果皮爆裂，上长白色棉絮状菌丝体，果僵硬，不易催熟转黄，食用价值低。

【病原及发病条件】 导致冠腐病的真菌涉及近10个属。在广东省该病主要由镰刀菌引起，病菌主要是半裸镰孢、串珠镰孢、亚粘团串镰孢及双孢镰孢等4种，其中第一种致病力最强。4种菌均由机械伤口侵染，用聚乙烯包装贮运或运输车厢高温高湿，则极易发病。

【防治方法】 减少采收、落梳、包装、运输中各环节的机械伤。采收后包装前用50%多菌灵600～1 000倍液（加高脂膜200倍液兼防炭疽病）浸果1分钟，或用500 ppm抑霉唑液浸果30秒钟。

香蕉根线虫病

【病　征】 根线虫侵染香蕉根部，受害大根表现短而肥大，有开裂，小根上有时可形成肿瘤。有时未发育成大根时即被破坏，肿大时切开组织可见褐色点状物。由于线虫为害而受病菌感染使根腐烂，有效根少。地上部主要表现植株矮化，黄叶或丛叶，散把，叶边缘失绿，枯叶多，叶呈波浪状皱曲。抽蕾的植株老叶如烧焦状，从叶缘至中肋凋萎。严重时果穗不能正常下弯，果实瘦小，干瘪僵硬。有时症状似束顶病，只是叶柄没有"青筋"。

【病原及发病条件】 寄生于我国香蕉的根线虫有13个属31种，其中螺旋线虫、根结线虫和矮化线虫的分布最普遍，对香蕉有一定的危害。根腐线虫和针线虫在局部能形成很大群体，其破坏性也值得注意。国外还有破坏性更大的穿孔线虫，引进国外香蕉吸芽时要特别注意。

我国香蕉根线虫危害较多的是福建省，广东省湛江市吴川县、遂溪县等也曾发生线虫严重为害的植株。根线虫多发生于管理粗放的砂质土壤蕉园，干旱时尤为严重。在粘质土中极少见线虫为害。

【防治方法】

(1)采用无病苗种植　试管苗假植时要采用无根线虫的干净泥土如塘泥、黄泥、泥炭土等，培养无根线虫病的种苗。在病区取吸芽种植要先将吸芽根削去，蕉头用55℃热水浸5分钟杀死根线虫再种。

(2)药剂防治　发病蕉园可定期施杀线虫剂进行土壤消毒，药剂有呋喃丹、克线磷、涕灭威、甲基异柳磷等，每株用有效成分2～3克，2～3个月1次，并加强肥水管理。

(3)轮作净化土壤　发病重的蕉园，与大豆、水稻等作物轮作，并净化杂草、病残根。重新种植香蕉时，要翻耕土壤，充分晒白。

二、香蕉虫害

香蕉象鼻虫

为害香蕉的象鼻虫有假茎象鼻虫和球茎象鼻虫两种。

1. 香蕉假茎象鼻虫(也称香蕉扁象)

【为害症状】 该虫是我国蕉区最重要的钻蛀性害虫,主要以幼虫蛀食假茎、叶柄、花轴,造成大量纵横交错的虫道,妨碍水分和养分的输送,影响植株生长。受害株往往枯叶多,生长缓慢,茎干细小,结果少,果实短小,植株易受风害。有时果穗不下弯或折断,严重影响产量和质量,给香蕉生产带来极大的危害。

【形态特征】 该虫有大黑型和双带型两种,彼此能互相交配产卵,田间出现的几率几乎相等。前者全体黑色,后者体红褐色,前胸背板两侧有两条黑色纵带纹。身体长筒形,雌虫体长平均13.3毫米,体宽平均4.6毫米,喙长4毫米。雄虫体长平均11.9毫米,体宽4.1毫米,喙长3.5毫米。喙圆筒形,略向下弯。复眼半月形,生于喙的基部,左右眼在喙的腹面接触。触角膝状,索节6节。前胸背板长宽比1∶0.7,两侧密布刻点,中部除背中线两旁分布一二行不规则刻点外,其余部分平坦光滑,中胸小盾片小,近舌形,跗节5节,第三节扩大如扇形,下腹面密生短绒毛,第四节很小,第五节具2个离生爪。翅两对,鞘翅有肩,具有明亮的光泽,后翅膜质。卵长椭圆形,表面光滑,乳白色,长2毫米。幼虫淡黄白色,肥大,无足,头壳红褐色,后缘圆形。蛹为离蛹,乳白色,长约16毫米。

【生活习性及发生条件】 成虫畏光,多群居栖息在湿度较大的腐烂叶鞘内侧，夜间外出活动、交尾和产卵。较耐低温，多躲在烂蕉头内安全越冬，耐饥饿力极强，耐湿怕干，高湿条件下可2个月不饿死，低湿环境下2～3天即死亡。高湿的夜间可短距离迁飞，寿命多数在200天以上。12.6℃能正常产卵，但夏秋季最适温为20～25℃，高温对产卵有抑制作用。多为害龙牙蕉，其次为香蕉，大蕉较少受害。成虫喜欢选择1.5米以上的蕉干产卵，产卵期较长，多数在70天以上，每年产卵有两个明显高峰期，分别出现在6月初和10月下旬。卵产在表层叶鞘组织内穴格中，通常每格只产1粒卵，产卵处叶鞘表层常流出透明胶质粘液。卵经2～8天孵化，孵化后幼虫多数在原地附近蛀食，3～4天后，先向茎内蛀食，继而向上或向下钻蛀，有的可蛀食到果轴部分，一般不蛀食球茎。低龄幼虫在假茎的中下部及中心部分较多。高龄幼虫则多数分布在中上或外层叶鞘。幼虫不耐水浸，浸泡12小时即大部分死亡。老熟幼虫多蛀食到表层叶鞘做茧化蛹。茧受水浸或暴晒5～7天，即可杀死其内的蛹。

该虫在广东1年发生6代，世代重叠。主要以幼虫在隔年留头老蕉茎内越冬，每年4～5月份和9～10月份是成虫发生的两个主要高峰期。

【防治方法】 对虫害较重的旧蕉园，必须实行以农业防治压低越冬幼虫基数，以化学药剂大量杀死产卵前期成虫的防治对策。

①圈蕉 每年3～4月份，结合清园，圈除枯烂叶鞘，捕杀成虫，钩杀叶鞘蛀道内的幼虫。

②挖除隔年旧蕉头 3月下旬至4月上旬在幼虫大量化蛹之前，挖砍旧蕉头干残体，放入水中浸7天以上，或纵切成4等份暴晒5天以上，杀死幼虫。

③药剂防治　每年4～5月份和9～10月份，在成虫发生的两个高峰期，于傍晚喷洒乙酰甲胺磷、嘧啶氧磷、巴丹、杀虫双等杀虫剂，自上而下喷湿假茎，毒杀成虫。未抽蕾植株可在“把头”处放10克3%呋喃丹或杀虫丹毒杀蛀食的幼虫。

2. 香蕉球茎象鼻虫（也称香蕉象甲）

【为害症状】　主要为害香蕉球茎，以幼虫在球茎内蛀食形成纵横交错的虫道，被害植株的叶片卷缩变小，枯叶多，结果少，严重者球茎腐烂死亡或抽不出蕾。但该虫在我国各产区较少见。

【形态特征】　成虫体长10～11毫米，全身黑色或黑褐色，具蜡质光泽，密布刻点，前胸中央纵线的中段留有1条光滑无刻点的直带纹，足的第三跗足不呈扇形，其他形态和虫态近似假茎象鼻虫。但体型略小（图11-1）。

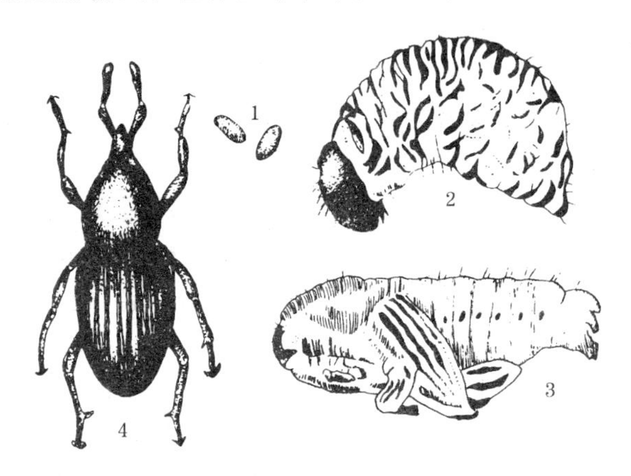

图11-1　香蕉象甲

1. 卵　2. 幼虫　3. 蛹　4. 成虫

【生活习性】　该虫在华南地区1年发生4～5代，世代重叠,整年均可发生。广东3月初至10月底发生数量较多。1代历期夏季30～45天,冬季82～127天。夏季卵期5～9天,幼虫期20～30天,蛹期5～7天,但越冬代幼虫历期90～110天。成虫畏光,具群居性,多栖息于球茎附近或残株中,夜间爬出活动。卵产于球茎表面,孵化后幼虫即向球茎内部蛀食,在球茎内形成虫道,使周围组织变黑,中央充满红褐色排泄物。老熟幼虫向外移动蛀食,并在虫道中化蛹不做茧,羽化后成虫仍暂居于虫道中。

【防治方法】 采用无虫吸芽或试管苗种植,旧蕉园应经常清园,清除旧茎残株。发现虫害时可设陷阱诱杀。采收后留蕉头1个月诱幼虫,然后将蕉头破碎杀死幼虫。虫口多时,在蕉头附近施3%呋喃丹10～20克,或喷其他长效内吸性杀虫剂。

香蕉交脉蚜

香蕉交脉蚜又名蕉蚜、蕉黑蚜。吸食植株汁液,传播香蕉束顶病毒,对香蕉生产影响很大。

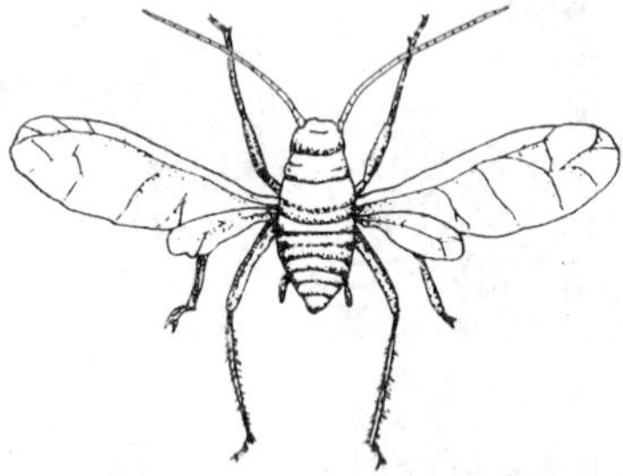

【形态特征】 成虫有翅或无翅。有翅蚜体长1.3～1.7毫米,棕色,翅脉附近有许多黑色小点,径脉与中脉有一段交会,因此而得名(图11-2)。

图11-2 香蕉交脉蚜成虫

【生活习性】 孤雌生殖,卵胎生,繁殖力强,发育期短,1年20代以上。通风较差的蕉园如房前屋后及密植的蕉园发生较多,干旱季节发生数量大，高湿低温易诱发有翅型蚜虫。6℃以下、35℃以上时蚜虫难生存繁殖，多雨季节发生较少且死亡多。一般每年8月份虫口开始上升，10～11月份进入高峰，翌年1～2月份降低，3～8月份虫口密度很低，但有些年份部分蕉园也有小的高峰，尤其是过冬蚜虫较多，早春干旱，在4～5月份也有小的高峰。冬季低温期多躲在叶柄、球茎或根部越冬。

蚜虫爬行缓慢，但有一定的迁移能力，有翅型蚜虫除爬行外，还能借助气流和风迁飞，危害性更大。蕉蚜在砍除的香蕉病株上能存活10天以上，并会变成有翅型蚜，迁飞为害。蚜虫会分泌蜜露，常引蚂蚁伴随，蚂蚁可将蚜虫转移到另外的植株上，因此防止蚜虫的迁移也很重要。

蕉蚜有趋黄性和趋阴性，长势差和荫蔽的香蕉植株发生较多，多寄生于蕉株下部，以心叶茎部为多，成长株较少。吸芽尤其是鳞叶、剑叶吸芽较多。矮干品种也较高干品种有利于蚜虫寄生。在香蕉上能大量繁殖，在大蕉、粉蕉上可少量繁殖，在美人蕉、姜、芋头上也能少量繁殖。

【防治方法】 由于蚜虫传播病毒病，应树立防病必须防虫的观念，发现病毒株必须先喷药杀死蚜虫，再挖掉病株，或使用草甘膦注射假茎清除病株时，加入杀虫剂兼杀蚜虫。有蚂蚁时，还须兼杀蚂蚁。防止病株上的蚜虫转移为害其他健株而传病。有病毒病危害的蕉园，必须经常检查蚜虫发生情况，尤其是干旱的秋季(9～11月份)和春季(4～5月份)。农药有50%辟蚜雾1 500倍液，40%乐果乳油(或氧化乐果)800倍液或其他有机磷杀虫剂，以喷洒吸芽和成株“把头”处为主，常结合象鼻虫防治用药。

香蕉弄蝶

香蕉弄蝶又称香蕉卷叶虫。它危害叶片，将蕉叶卷结成苞，取食蕉叶，减少叶面积，影响植株的光合作用。香蕉弄蝶多危害粉蕉、龙牙蕉，其次为香蕉、大蕉。

【形态特征】 成虫体长25～30毫米，黑褐色或茶褐色，前翅中部有3个大小不一的黄色近方形斑纹。卵横径约2毫米，馒头状，红色，卵壳表面有放射状白色线纹。幼虫长54～64毫米，体表被白色蜡粉。头黑色，胴部第一、二节细小如颈。蛹淡黄白色，被白色蜡粉，口吻伸达或超出腹末(图11-3)。

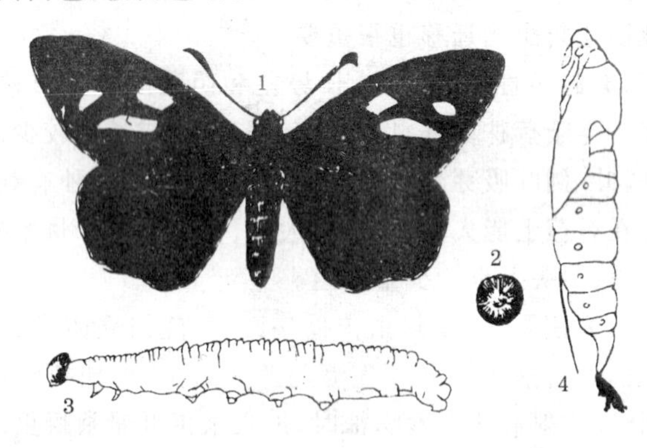

图11-3 香蕉弄蝶

1. 成虫 2. 卵 3. 幼虫 4. 蛹

【生活习性】 该虫在华南地区1年发生4～5代，7～10月份危害多，以老熟幼虫在叶苞中越冬，成虫产卵于叶片上，幼虫孵化后爬至叶缘咬一缺口，即吐丝将叶卷成筒状藏身。早晚或阴天从叶苞上端与叶片相连的开口处伸出虫体前部向下取食，边食边卷，加大叶苞，叶苞太小时可迁移重新卷叶苞。幼虫体表分泌大量白色蜡质物，老熟幼虫吐丝封闭苞口，并在苞内结茧化蛹。

【防治方法】

(1)人工捕杀　用手摘除叶苞或用竹竿打散叶苞让幼虫落地,杀死幼虫。越冬后清园时注意清除叶苞内的幼虫和蛹。

(2)药剂防治　应在低龄期进行,可用90%敌百虫800倍液,10%灭百可乳油2 000～3 000倍液,40%水胺硫磷1 500～2 000倍液,10%氯菊酯2 000倍液,25%敌杀死3 000倍液,或稍加适量的苏云金杆菌及0.1%的粘着剂,最好于傍晚喷洒。

香蕉花蓟马

【形态特征】　香蕉花蓟马成虫体形微小而细长,橙黄色至浅褐色,复眼发达,在头顶上排列成三角形,有触角6～9节,念珠状或棍棒状,口器为锉吸式,前胸能活动,中后胸愈合,前后翅较窄长,翅边缘密生缨状长毛,足跗节1～2节,跗节端部有泡囊。行走时腹端不时往上翘。

【生活习性及危害规律】　香蕉花蕾一旦抽出,该虫立刻成群聚集,由花苞肩部裂缝侵入,苞片未完全打开时,已侵入苞片内十几层的果房中。对果实的危害主要是在嫩果上产卵,卵粒产入果皮组织内,使该处组织增生、膨大突起,幼虫孵化后由卵壳钻出,幼果表皮上即留下木栓化、顶端褐黑色的突起斑点,影响果实的外观及商品价值。虫斑与黑星病造成的病斑不同,黑星病斑是不突起粗糙的。蓟马有时也锉吸嫩果果皮,使之出现锈斑,这在台湾蕉区较严重。

【防治方法】　香蕉刚现蕾就应喷药杀虫,可喷10%灭百可乳油1 500～2 000倍液,40%氧化乐果乳油1 000～1 500倍液,或50%可湿性万灵粉1 500倍液,5～7天1次,一般连续喷2～3次。在菲律宾，有一种特制的喷雾器，有喷头也有针头，既可喷雾，也可注射花蕾，对防治花蓟马十分有用。另外，及时除杂草，加强肥水管理，缩短蕉园抽蕾期及植株开花时间，可减少危害程度。防治该虫对生产高档香蕉尤其是出口蕉十分重要。

香蕉红蜘蛛

香蕉红蜘蛛也称皮氏叶螨。在旧蕉区分布较多，主要危害叶片，使叶片早衰枯黄，有时也危害果皮，使果实出现锈斑。

【形态特征】 成螨体型细小，呈红褐色，足为白色、透明，足跗节具2对典型的双毛，体末仅具1对肛侧毛。雄性阳茎无端锤，钩部微成“S”形，卵淡黄色。

【生活习性及危害规律】 成螨附居于叶背，有群集性，有时1片叶有上千头。雌螨产卵时，单粒产于叶背，并分泌粘液将卵固定，未受精的卵发育成雄螨，受精卵发育成雌螨。若螨、成螨均吸食叶片的汁液，以老叶为多，被害组织失绿变为灰褐色，严重时，叶片正面也呈灰黄色，多沿柄脉或肋脉发生。高温干旱的秋季繁殖快，危害烈。

【防治方法】 红蜘蛛天敌较多，一般情况下不会造成严重危害。个别蕉园使用杀虫、杀菌剂不当，杀伤天敌太多造成危害严重时，可采用价格较低的杀螨剂如20%三氯杀螨醇乳油1 000～1 500倍液，20%双甲脒1 000～1 500倍液，50%螨代治1 500～2 000倍液，20%速螨酮3 000～6 000倍液，大克螨4 000倍液，10%果螨红3 000～4 000倍液均匀喷雾叶背，药液中最好加0.1%中性洗衣粉等粘着剂，效果更佳。

香蕉网蝽

又称军配虫。主要危害叶片，在广东、广西、福建等蕉区偶有发生。

【形态特征】 香蕉网蝽成虫体长约3.5毫米，灰黑色，头小，具刺吸式口器，在前胸背两侧及头顶部分有一块白色膜突出，上有网状纹，前翅及后翅也呈网状纹，前翅较小，上有两块小黑斑，有近距离飞翔能力。

【生活习性及危害规律】 成虫、若虫常成群寄居在中、下部叶片背面，吸食叶片汁液，被害叶片背面有密集黑色或褐色细点，附着许多若虫脱落的皮，叶片正面呈灰褐色至灰白色。夏秋季发生较多，旱季危害较严重，受害叶片提早枯黄。

【防治方法】 可采用40%乐果乳油或40%水胺硫磷乳油800～1 000倍液喷雾叶背。

斜纹夜蛾

【形态特征】 成虫体长14～21毫米，全身暗褐色，前翅灰褐色或褐色，内外横线灰白色，波浪纹。在环状纹与肾状纹之间，由前缘向后缘外方有3条白色斜纹，后翅白色。卵块生，外覆灰白色绒毛，幼虫体长36～48毫米，呈黄绿色至墨绿或黑色，从中胸至腹部第八节背面各有1对近似半月形或三角形黑斑，蛹长15～23毫米，赤褐色至暗褐色。

【生活习性及危害规律】 在广东省全年均可为害，无越冬现象。每年6～10月份为害最甚，多危害大棚假植试管苗及大田幼龄蕉苗，咬食苗期幼嫩心叶，造成穿孔或缺刻，大龄幼虫食量大，可把心叶吃光。1～2龄幼虫常群居于叶背活动，3龄以上幼虫则分散为害。幼虫怕光，白天藏于暗处或土缝里，有假死性，夜间、早晨或阴雨天外出活动吃食，老熟幼虫入土化蛹。

【防治方法】

第一，铲除蕉园杂草。

第二，摘除卵块或捏死刚孵化的幼虫，对较大的幼虫也可在清晨或夜间人工消灭。

第三，药剂防治：在低龄幼虫期用40%氧化乐果乳油或80%敌敌畏乳油800～1 000倍液，40%水胺硫磷乳油1 000～1 200倍液，10%灭百可乳油2 000～3 000倍液喷施叶背，最好在黄昏或清晨幼虫活动时喷药。也可在蕉苗根区撒3%呋喃丹颗粒剂2～10克，可兼杀蝼蛄及蛴螬等。

非洲蝼蛄

俗名土狗。属直翅目蝼蛄科，是典型的地下害虫。

【形态特征】 成虫体长29～35毫米，体褐色。前翅短，约及体躯中部，后翅长，稍过腹部末端。产卵管不露出体外。触角丝状，短于体长。前足特别发达，端部有数个大型齿，为开掘足，适于掘土，后足胫节背面内侧有3～4个刺。

【生活习性及危害规律】 非洲蝼蛄1年发生1代，10月下旬以成虫或若虫在土穴中越冬，昼伏夜出，喜低温环境，有趋光性。越冬成虫5月下旬至6月上旬为产卵盛期，卵产于约17厘米深的土层，每雌虫可产卵60～80粒。在含有未充分腐熟的厩肥、垃圾或堆肥多的土壤中，蝼蛄发生及危害较严重，主要是咬断幼嫩试管苗的假茎基部、植株的根部，咬口不整齐。成虫、若虫在土层活动，做成纵横交错的隧道，使根系与土壤脱离，影响根的吸肥吸水能力。

【防治方法】

(1)诱杀　可用灯光或利用厩肥诱杀，也可用90%晶体敌百虫30克，加1升热水溶化后，拌入20～30千克炒香的米糠或麦麸饵料中，充分拌匀后再加入适量的水调成豆腐渣状的毒饵，于傍晚撒于畦面，每公顷23～30千克。

(2)土壤毒杀　土层可淋50%辛硫磷乳油1 500倍液，每公顷用药7.5千克。也可在定植穴内用5%辛硫磷颗粒剂，每株15～25克。苗期也可撒施3%呋喃丹毒杀。

金龟子及蛴螬

【生活习性】　金龟子属鞘翅目金龟子科，其种类很多，成虫大多于清明前后发生，夜间吃食香蕉叶片，将叶片吃成不规则的缺刻或孔洞，天亮前离去，留下卷条状虫粪。金龟子的幼虫(南方称鸡母虫，北方称蛴螬)在地下吃食蕉根，也取食腐殖质。前作为花生、甘蔗等旱作物的土壤中较多。

【防治方法】　杀灭成虫可在傍晚喷90%晶体敌百虫1 000倍液，或80%敌敌畏乳油1 000倍液，或其他胃毒农药。杀灭幼虫可用50%辛硫磷乳油(7.5～10千克/公顷)1 500倍液淋土，也可用3%呋喃丹颗粒剂，5%辛硫磷颗粒剂或3%甲基异柳磷处理土壤，每公顷30～45千克。

蝗　虫

蝗虫体大、食量大，能飞跳，咬食香蕉嫩筒叶和幼果，使受害叶片残缺不全，受害果实产生伤疤，严重的失去商品价值。一般8～11月份发生多，靠近杂草的坡地、山地蕉园较多见。

【防治方法】　可喷80%敌敌畏800～1 000倍液等防治。

香蕉毛虫

香蕉毛虫身体灰黑色，被毒毛，主要咬食香蕉叶片和叶柄，食量也较大，发生量多时为害不轻，也影响田间操作。一般6～11月份发生多。

【防治方法】 可喷洒甲胺磷加速灭杀丁(2∶1)2 500倍液将其杀死。

香蕉粘虫

幼虫0.5～1厘米长，虫体细小，成群分布在香蕉叶层正面，咬食叶片叶肉，被害部位呈褐黑色坏死，影响叶片的光合作用。多于5～7月份危害0.5～1米高的试管苗香蕉。

【防治方法】

(1)人工防治　用手捏死幼虫。

(2)化学防治　可喷25%杀虫双500倍液，90%敌百虫1 000倍液。

除了病虫对香蕉造成危害以外，鼠类有时也会影响香蕉的产量和质量。危害香蕉的鼠类主要有黄毛鼠、板齿鼠，在果实生长后期咬食果实，使果实失去经济价值，未受害的果实也易黄熟。鼠害一般发生在蕉稻混栽区的冬春季，鼠类找不到谷类等其他更可口的食物时就咬食香蕉果，有时也咬食小苗假茎基部及吃食穴施入土壤未腐熟的花生麸(饼)等肥料。通常夜间外出为害。应经常检查，铲平高地和鼠穴。鼠害严重的要使用杀鼠药，可将杀鼠毒谷放在蕉园中鼠类经常出没的地方，毒杀老鼠。

附录

作者单位及其科研成果、产品简介

广东省农科院果树研究所是农业部授予的“百强研究所”之一，也是广东省8个省直公益型科研所之一。研究力量雄厚，对果树业的贡献多。单位下设有香蕉、荔枝、龙眼、化调等多个研究室。

香蕉研究室是我国科研单位中设立的惟一的香蕉研究室，现有科技人员6人（高级职称4人，中级职称2人）及技术辅助人员多名，从事我国华南地区香蕉种质资源、新品种选育及优质高产栽培新技术等的研究，建立了“国家果树种质——广州香蕉圃”。多年来，获得国家科技进步二等奖和三等奖各1个，广东省科技进步一等奖、二等奖和三等奖各1个及其他奖项等多项科研成果。香蕉研究室附设香蕉试管苗厂，快速生产巴西蕉、广东香蕉2号、泰国香蕉、威廉斯8818、广粉1号粉蕉及其他优稀香蕉品种（如龙牙蕉、红蕉等）和新选育的香蕉新品系香蕉试管苗，年生产能力300万～500万株。以品种纯正，变异率低，尤其是薄膜袋装生根苗方便运输而受到广大蕉农的好评。同时也配制促进蕉果伸长增产的“香蕉丰果素”，预防粉蕉、过山香等巴拿马病的“防枯灵”药剂，提高香蕉抗逆性的“香蕉矮壮素”及防止香蕉催熟后脱把的“鲜固宝”保鲜剂。

地址：广州市五山　　　邮政编码：510640

电话：020－87596540